吐司的基礎

HOW TO MAKE THE BEST TOAST

⚹ Prologue

雖然有時候覺得做麵包很辛苦，但總體來說這依然是一件開心且有趣的事。

各種本來是粉末或水的材料全都混在一起後，變成圓滾滾的麵團，膨脹成小朋友屁股般的可愛模樣，接著在我的手下成為討人喜愛的麵包造型，這段過程本身，不知道有多麼讓人興奮。

我有時候覺得，我只是真的很愛麵包，只是喜歡和很棒的人一起做麵包，這樣也能寫書嗎？就算到了現在，我還是常常感受到自己的不足。不過，我的不足反而成了出版這本書的勇氣。因為不足的關係，所以經常失敗，為了解決問題，只好徹夜重複做好幾次麵包。

吐司是最基礎的麵包，但要做得好卻很困難。對剛開始的我來說，真的是一道難解的課題。反覆一直失敗的時候，也會有種舉步維艱的心情。希望這本書能幫助那些像我一樣的人，在做麵包的路上扶持他們一起成長。

雖然這世上麵包的總類非常多，但我不禁思索，哪種麵包是最平易近人，任何人做起來都不會有負擔的？哪種麵包是連沒有烘焙基礎的人，也想做一次看看的？

我想起了小時候經過社區的麵包店，隔著窗戶看向正在冒煙、還沒切片的條狀吐司，小小的我，忍不住大力吞口水的那瞬間。於是，我想寫一本關於吐司的書。

想把吐司做好卻總是失敗的人，對麵包不太熟悉但想從吐司開始做看看的人，想做出各式各樣吐司的人，希望這本書，能夠成為你們的動力。我想要和大家一起分享，當想像中的美味麵包出現在自己眼前時，那種喜悅和悸動的心情。

在我準備這本書而沉浸在吐司的期間，總是在我身旁給予幫助的寶賢老師，存在本身就帶給我很大力量的李智恩部長，持續為我溫暖打氣、等待著我的浪漫麵包出爐的學徒們，在漫長時間中耐心等待的the table朴允善組長，真心感謝你們。還有幫忙繪製漂亮吐司圖樣的金敏基作家，以及他帥氣的弟弟索里，真心感謝。

李美榮

⚹ Contents

吃過一次就戒不掉！——獨創吐司配方

發揮吐司的更多可能——吐司料理

CLASS 07

搭配起來更好吃！——配湯＆抹醬

我的麵包與夢想

我終於將長年插在書架深處的結業證書拿出來，一張一張裱框掛在牆上。女兒看著我不發一語，突然問道：

「媽媽，妳的夢想是什麼？」
「嗯？我的夢想？」

不知道是不是太久沒有思考過「夢想」這個單字，女兒的問題讓我尷尬又陌生。我還沒回過神來，她又接著問：

「媽媽當過上班族，也是出過書的作家，是不是所有夢想都達成了？」
「嗯……好像沒有耶。反而有種夢想重新開始了的感覺。媽媽真的很喜歡麵包，所以我的新夢想是成為每天做麵包的麵包店老闆，或是烘焙老師。」
「但媽媽之前跟我說職業不能當夢想耶！妳說，當醫師、律師不是夢想，想成為什麼樣的醫師、什麼樣的律師才是夢想。」
「對耶！媽媽是這樣說沒錯……」
「那麼，媽媽就成為一個可以做出世界上最好吃的健康麵包，將麵包當成禮物分享給很多辛苦的人，傳遞最大的幸福給喜歡麵包的人的麵包店老闆和烘焙老師吧？」

我在唸國小的女兒滔滔不絕的話語中，找到了非常多已經忘記的寶石般的內容。就像我女兒說的一樣，我想描繪一個能與其他人共享幸福的夢想，而不是只為了自己的。我下定了決心，絕對不能忘記這個夢想。我想做出不論是誰都覺得好吃的麵包、做出能傳遞最大化幸福的麵包。

揉入麵包裡的愛與能量

有一天放學，女兒突然帶朋友回家，問我有沒有做好的麵包。剛好當天早上有烤麵包，於是我把麵包拿出來，讓她和牛奶一起放在托盤上，分給朋友吃。

「這是我媽媽做的麵包！你們吃吃看，比外面賣的還好吃喔！」她用得意的神情介紹著我做的麵包。

瞬間，我想起小時候媽媽流著汗做給我吃的雞蛋糕。

那時候電動攪拌器和烤箱還不普遍，媽媽跟大阿姨借了新買的方形煎烤盤，然後用手動打蛋器奮力打著蛋液，弄到整張臉脹得通紅。

當媽媽好不容易將烤得熱騰騰的雞蛋糕取出來時，在一旁等雞蛋糕烤好的姊姊和我，就像等著被餵食的青鳥一樣。我想起記憶中的景象，不禁笑了出來。

我也想帶給女兒那樣的回憶。當她在遙遠的未來，不得不踏入競爭激烈、苦悶辛苦的大人世界時，希望她能因為想起媽媽曾經做給她吃的熱呼呼麵包，內心變得溫暖充實。希望她能透過回憶起愛而得到力量。

我做的事有時很有趣，有時也很辛苦，但我並非獨自一人，而是和夥伴並肩同行。這帶給我多大的力量，應該不需要再特別說明了。
在開設課程初期我還很笨拙的時候，智恩老師是我最堅強的後盾，而猶如親妹妹般的寶賢老師則是我最得力的左右手。如果沒有這兩位助理老師，大概就沒有現在的「浪漫麵包」了。
謝謝你們。感謝我可靠的團隊 ^^

能夠每天製作我最愛的麵包，並將這當成職業，已經是非常幸福的事了。不僅如此，我還和很棒的人一起做麵包，這簡直就是最大的幸運。
不曉得是不是因為這樣，即使在非常疲憊又辛苦的日子，上課時我依然開心又充滿力量。沒有什麼比上課更開心又幸福的時刻了。從很棒的人身上得到的能量，成為我生活中最龐大的動力。

喜歡麵包的理由

我大學時的主修和麵包或料理完全不相干。一開始是對料理產生興趣，接著又在不知不覺間喜歡上製作甜點和麵包，中間還一度陷入糾結，不知道該選擇哪一條路。最後我選擇麵包的理由有兩個。第一，我的家人喜歡麵包；第二，我在做麵包的過程中學習到正直的態度。

雖然這世上不論做什麼，都應該要帶著正直的態度，但我從做麵包的經驗中，體悟到特別多關於正直的心態。做麵包時，沒辦法用滑順的鮮奶油彌補沒做好的瑕疵，也無法靠擺盤的技術來遮掩錯誤。混合、發酵、成形，然後再次發酵並烘烤，在這一連串的過程中，只要任何一瞬間的疏忽，出爐後的麵包就會如實呈現出缺陷。沒辦法事後用擺盤或鮮奶油來掩飾的失誤，都必須全盤接受。

經過長時間發酵，再經過長時間等待，忙活大半天後出現在眼前的，卻是沒做好的麵包。那瞬間真的很令人難過又鬱悶，但同時我也會想，這個結果就是將那天我做麵包的模樣一五一十表現出來而已吧。所以不知道從哪時開始，看到不甚完美的成品時，我反而會更努力、更投入研究。

彷彿鏡子般映照出我的模樣和心態，做麵包的過程就是這麼誠實又正直。有什麼樣的成果，都是因為中間做過什麼樣的步驟。因此，只要過得正直且全力以赴，一定能夠連結到好的結果。生活中的所有瞬間都是這樣，這，是做麵包教會我的事。

CLASS 01

做麵包前的準備
——基本材料&工具

01. 基本材料

02. 常用工具

構成吐司的材料及工具

在開始製作吐司之前，我們先來學習一些與麵包相關的材料，以及過程所需工具的基礎知識。

01_基本材料

麵粉

麵粉是將麥粒去除外殼麩皮和胚芽後，碾磨胚乳製成的粉狀物質。在做麵包時，麵粉的作用是成為麵包的骨架和構造。麵粉的主要成分為蛋白質和澱粉。蛋白質和水混合後，會產生稱為「麵筋」的物質，負責扮演支撐麵團的角色，猶如骨架；澱粉則是形成整體的構造，質地很柔軟。

麵粉隨蛋白質含量的不同，可分為高筋、中筋和低筋。高筋麵粉的含量約11.5-14.5%，為蛋白質含量最高的麵粉，因此筋度強，多用來做麵包。中筋麵粉的蛋白質含量為8-10%，多用在麵類料理。低筋麵粉的蛋白質含量在6.5-8.5%，適合用來做柔軟的蛋糕類甜點。

全麥麵粉是將小麥的整顆麥粒磨粉製成，因此比一般麵粉含有更豐富的礦物質成分。不過全麥外殼麩皮的麵筋組織較弱，若在配方中占過多比例，麵包可能會太蓬鬆，影響到內部組織。

裸麥麵粉

裸麥主要種植於北歐等地區，是具有獨特風味的穀物。裸麥麵粉的蛋白質和一般麵粉不同，就算揉很久也不會形成麵筋。因此，使用大量裸麥麵粉來製作麵包時，即使酵母生成二氧化碳，也沒有能夠鎖住二氧化碳的麵筋，所以無法充分膨脹，反而會形成很多細密的氣孔。

酵母

酵母（Yeast）會透過發酵，以麵粉或其他麵團材料中的糖分當養分，進行活動後產生二氧化碳、乙醇、有機酸等，使麵團膨脹並增添風味。
酵母分為新鮮酵母、活性乾酵母、速發乾酵母等不同種類。速發乾酵母在使用時，只需要新鮮酵母40-50%的用量。

乾酵母

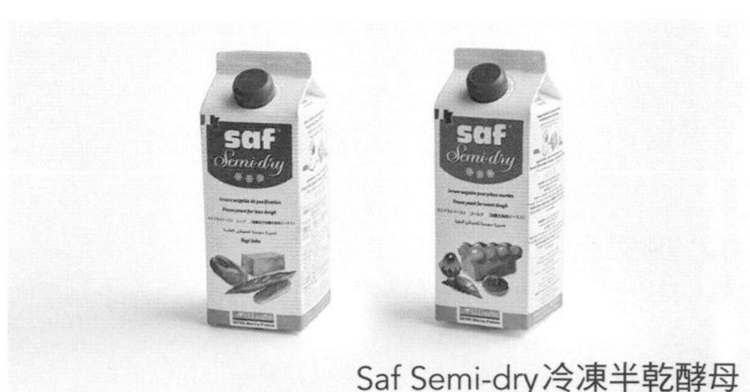

Saf Semi-dry冷凍半乾酵母

水

水與麵粉的蛋白質結合後會形成麵筋，所以水和麵粉一樣是製作麵包骨架的重要材料。另外，水還有一項重要的功能。水在高溫下會和澱粉結合產生糊化現象，幫忙調節麵團的溫度。

鹽

鹽巴能使麵筋的組織變得更為細密且堅固，進而讓麵團的骨架趨於穩定。另外，鹽巴還能調味並預防雜菌繁殖。

砂糖

在成品中負責帶來甜味的砂糖，同時也是酵母的養分，對麵包的發酵有極為重要的影響。發酵後剩餘的糖分，會使麵團的烤色呈現更深的色澤。
此外，砂糖也帶有「保水性」，會吸收水分使麵團保水、延緩老化，幫助麵團久放後口感依舊柔軟。

油脂

烘焙麵包時使用的油脂包含奶油、白油、酥油、液體油等。本書食譜主要使用的是動物性無鹽奶油。油脂能增添麵包的風味，使口感更加柔軟，同時還能增加麵包的延展性。不過，油脂會妨礙麵筋的生成，所以大多不會在一開始揉麵時就加進去，會在比較後期的階段再加入。

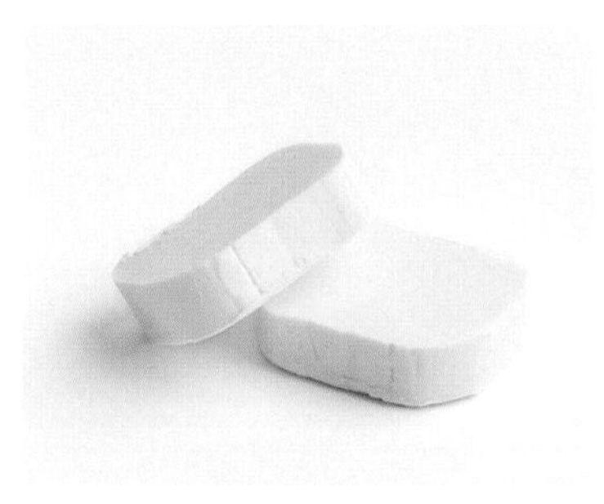

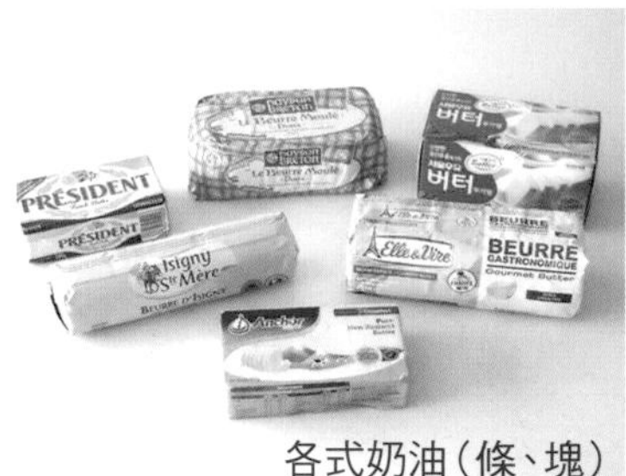

各式奶油（條、塊）

發酵奶油片

雞蛋

雞蛋的比重越高，麵包的風味越豐富。雞蛋含有的「胡蘿蔔素」能夠使麵包烘烤出更深的色澤，看起來更美味。另外，「卵磷脂」則會促使麵團中的水和油脂乳化，不僅能讓麵團變得更柔軟，還可以幫助麵團膨脹，加大整個麵包的體積。

全脂牛奶、脫脂奶粉

全脂牛奶和脫脂奶粉能使麵包的風味更有層次，並加深烘烤的色澤。脫脂奶粉是由牛奶脫去水分和乳脂肪後製成的，價格比牛奶便宜，在保存及使用上也較為方便。用全脂牛奶替代脫脂奶粉時，請使用脫脂奶粉十倍的量。

麥芽精

將發芽的大麥等穀粒加熱後萃取成麥芽糖，再濃縮成麥芽精。可加進無砂糖的麵團，幫助麵團烤出色澤，並促使發酵更完全。

麵包改良劑

※ 本書中的食譜不使用麵包改良劑。

麵包改良劑是一種合成添加物，可以促進麵團發酵、延緩老化、讓口感更軟綿。它是酵母的養分，能增添麵團的延展性和彈性。通常用在需要大量製作麵包的營業用配方，以提供品質穩定的成品。

02_常用工具

吐司烤模：吐司烤模有各式各樣的尺寸、造型，各家品牌的大小也略有不同，實際製作的份量，請參考P.42的容積計算方式。

① 帶蓋吐司烤模（約6兩）
: 上方長 17 X 寬 12.5cm
: 底部長 15 X 寬 11cm
: 高 12.5cm

一般常用的吐司模具，可以蓋上蓋子烘烤角形吐司，或是不蓋蓋子烤山形吐司。每個品牌尺寸略有差異，最常用來烘烤做三明治的基本吐司。

② 無蓋吐司烤模（約12兩）
: 上方長 22.5 X 寬 10.5cm
: 底部長 19.5 X 寬 8.5cm
: 高 9.5cm

沒有附蓋子的模具，我通常使用接近12兩的大小，適合用來烤大體積的三峰吐司。選擇底部有3個小孔的開洞設計，比較好脫模。

③ 哈密瓜吐司烤模
: 長 12 X 寬 10.5 X 高 8cm

韓國特有的吐司烤模，將帶有格紋的菠蘿麵團包覆在吐司表層後烘烤，出爐的模樣很像哈密瓜而得名。成形時為單峰吐司，多用來做開放式三明治。

④ 多功能烤模
: 上方長 15.5 X 寬 7.5cm
: 底部長 14.5 X 寬 6.5cm
: 高 6.5cm

這種烤模不只可以用來烤吐司，也常用來烘烤磅蛋糕、蛋糕等其他麵包、甜點。本書中使用的是大的尺寸。

⑤ 正方形吐司烤模
: 長 9.5 X 寬 9.5 X 高 9.5cm

長寬高相同的正方體模具，主要用來烘烤稜角鮮明的正四方形吐司。

⑥ 螺旋圓柱烤模
: 直徑和長度差異大，造型多樣

如果想烤出非方形的吐司，推薦大家使用這款烤模烘烤成圓柱狀。市面上也有販售各式各樣特殊造型的模具，依照喜好挑選即可。

麵包刀：這邊介紹的是我自己常使用的刀具，選擇用得順手的就可以了。

① 具良治GLOBAL麵包刀 G-72（日本）
：刀刃長27cm

主要用來切大尺寸的麵包。

② 具良治GLOBAL麵包刀 G-9（日本）
：刀刃長22cm

可以用來切不同種類的麵包。

③ 具良治GLOBAL 麵包刀 GS-61（日本）
：刀刃長16cm

主要用來切貝果和三明治等。

④ 庖丁工房 TADAFUSA麵包刀（日本）
：刀刃長23cm

這款麵包刀的特別之處在於只有前端部分的刀刃製成鋸齒狀，適合用來切亞洲人喜歡的軟麵包。

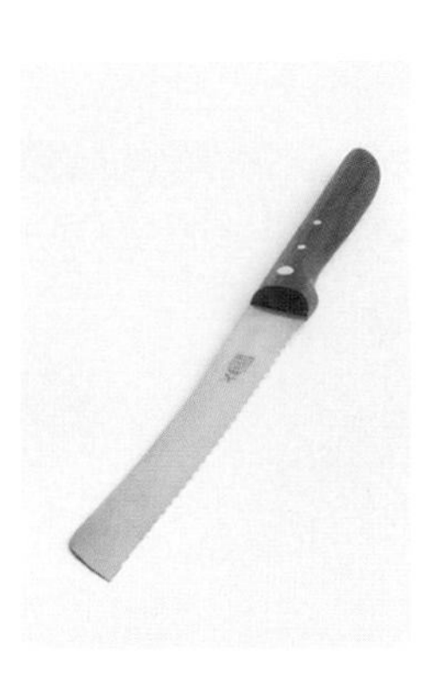

⑤ 風車牌ROBERT HERDER長鋸齒麵包刀（德國）
：刀刃長19.5cm

堅固的鋸齒刀刃和原木刀柄為此款麵包刀的特色。

⑥ la base 麵包刀（日本）
：刀刃長18.5cm

這款麵包刀採用最高級不鏽鋼材質製作，刀刃有做消光處理。

⑦ 菜刀
：不同的刀款，長度也會有所不同

在切割酥皮麵團時，使用長度較長的菜刀會比麵包刀還方便。

其他工具

① 烤箱

烤箱會根據營業用、商用，或是場地的規模而決定是要使用隧道式烤箱、石板烤箱還是旋風烤箱等。本書中使用的是方便經營咖啡廳使用，或是在家中使用的旋風烤箱。

② 製麵包機

方便揉合少量麵團的家用製麵包機，在體量和價格方面比較沒有負擔，適合用於家庭烘焙。

③ 玻璃盆

混合材料或將麵團收圓後進行第一次發酵時，用來裝麵團的容器，也可以選擇不鏽鋼材質。考量到麵團發酵時會膨脹兩到三倍，最好準備比麵團體積大很多的尺寸。

④ 攪拌機

用來攪拌麵團的機器，根據轉軸可區分為立式攪拌機、橫式攪拌機、雙臂式攪拌機、螺旋式攪拌機。本書中使用的是方便家庭烘焙用的家用立式攪拌機。

*沒有攪拌機的人也可以用手揉麵或使用製麵包機來製作本書中介紹的吐司。P174 P180

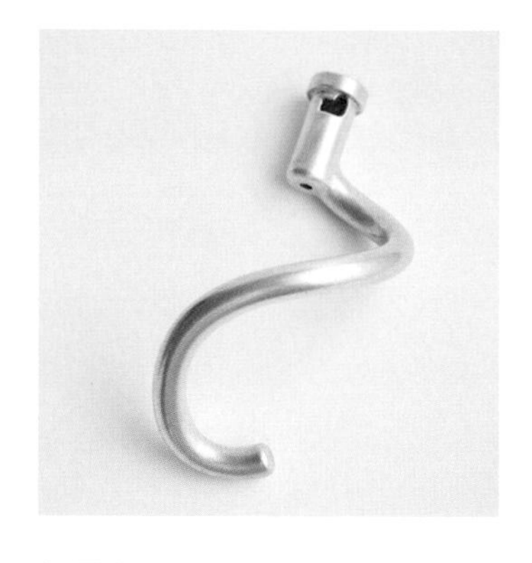

麵團勾

攪拌麵團時用的勾子，裝上攪拌機後使用。

平攪拌槳

和麵團勾一樣裝上攪拌機後即可使用。製作要放入麵團裡的湯種時，用平攪拌槳會比麵團勾順暢。

⑤ 刮板

這是我在做麵包時最常使用到的工具之一。當麵團黏在盆邊時，可以用圓端整理乾淨，水平端也可以用來分割麵團。

⑥ 溫度計

用來測量水或麵團的溫度。麵團攪拌完成後一定要測量麵團的溫度，才能降低失敗率，所以務必準備好溫度計。

⑦ 刷子

用來將蛋液和牛奶等濕性材料抹在吐司表面的工具，烘焙用的刷子建議選擇軟毛材質。

⑧ 擀麵棍

靜置發酵完成後要整形時，用來將麵團推平的工具。

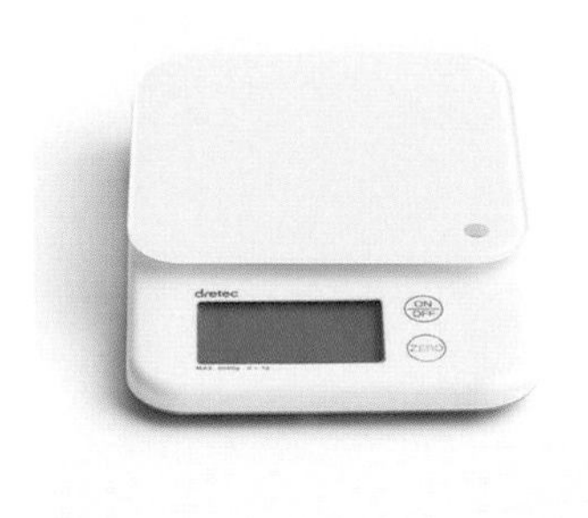

⑨ 磅秤

按照正確份量準備各種材料是非常重要的一項程序。秤量大量配方時需要大容量的磅秤，測量酵母等少量的材料時，則需要可以計算微量的秤，建議兩種磅秤都準備，使用上比較方便。

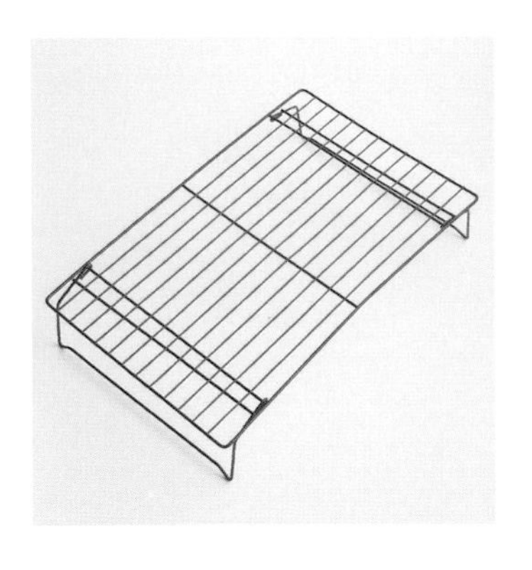

⑩ 網架

吐司從烤箱出爐時，放在上面架高冷卻，避免底部產生水氣的架子。

CLASS 02

讓麵包更好吃
——吐司的工序魔法

美味吐司的基本工序

麵包是經過許多工序後製成的。充分理解每個流程、掌握要訣，才能得到完成度更高的美味成品。

01_攪拌

在這個步驟中，將所需材料混合後揉合均勻，促進麵筋組織生成。普遍來說，添加越多奶油和雞蛋的麵團，需要的攪拌時間越長。透過長時間的攪拌，麵筋組織就會越細密，麵團的彈性也越好。反過來說，口感較為扎實的麵包，攪拌時間較短。這類麵團不需要長時間攪拌，而是藉由發酵來使麵筋生成、促進麵團的熟成和發酵。

攪拌完成後，請撕下一小塊麵團並將麵團拉成一片薄膜，確定麵筋的形成是否順利。麵團拉薄至能透出手指輪廓卻依然不破裂，才算是成功。如果太容易破裂或是麵團很粗糙、不夠光滑，請再稍微延長攪拌時間。

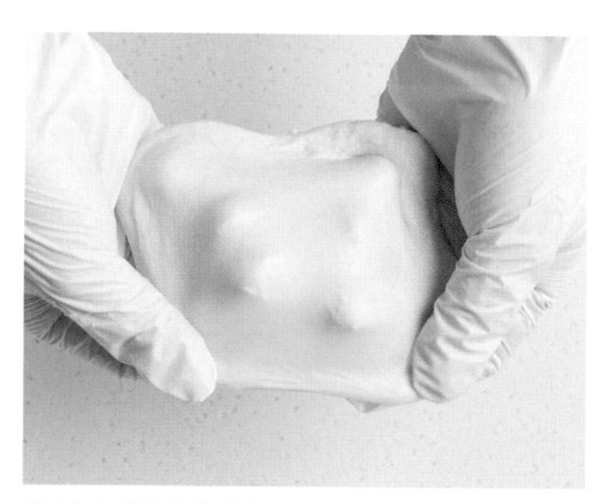

麵筋完美形成的麵團

攪拌過程中，因麵團與攪拌盆摩擦會導致升溫，必須留意麵團溫度不要過高，一般來說建議控制在28°C左右（不要超過30°C）。為了避免溫度過高，請記得依照氣候調整水的溫度，有助於降溫。真有必要時，可暫時停機，將攪拌盆移到冰箱冷卻後，再繼續攪拌。書中食譜都有標註該吐司的「麵團溫度」以及「水溫」，可供參考。

02_第一次發酵

將攪拌完成的麵團從盆中取出，一邊撒粉一邊將麵團揉圓。揉至表面光滑後收圓，然後放入發酵箱或大尺寸的箱子等空間中，蓋上蓋子避免麵團乾掉，並在室溫下讓麵團發酵。如果家中沒有發酵箱，可將麵團裝在玻璃盆內，蓋上擰乾的溼布或保鮮膜發酵。

麵團內的酵母透過第一次發酵活化後會產生二氧化碳，當麵團保留越多二氧化碳，麵筋組織也會跟著一起成長，使整個麵團的體積膨脹。另外，酵母也會和乳酸菌共同發酵，產生乙醇、有機酸等化合物質，替麵團增添風味。雖然根據不同的配方，發酵成果也會不同，但通常需要讓麵團膨脹至原體積的兩到三倍大。

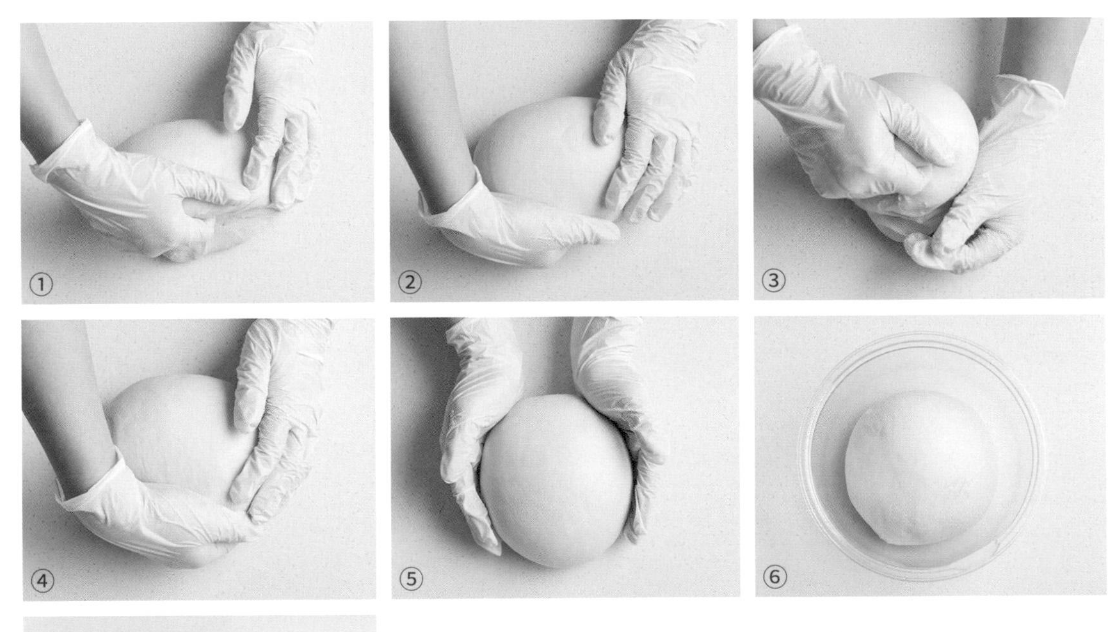

1 將麵團表面粗糙往下拉，收到底部。

2 兩手攏住麵團往內推，讓表面變得更平滑。

3 過程中持續將表面粗糙往下收到底部。

4 繼續攏住麵團後往內推，讓麵團收圓。

5 完成表面平滑、圓形的麵團。

6 放進玻璃盆發酵（可蓋上擰乾溼布或保鮮膜防乾）。

7 待麵團膨脹至2-3倍大，即發酵完成。

＊確認發酵狀況

發酵完成時，用手按壓感覺得到麵團慢慢回彈的力道，且麵團上會留下一點壓痕。發酵不足時，用手按壓後麵團會快速回彈；發酵過頭時，用手按壓後則完全感受不到回彈的力道，而且整個麵團都會凹陷。

發酵成功的麵團

發酵過頭的麵團

03_排氣

一般來說，麵團發酵後，會先藉由適當拍打將氣體排出，接著大多會進入分割的程序，但依照不同配方和製作方法，有時候也會在第一次發酵的過程中進行排氣。排氣是為了排出麵團中的氣體，以幫助麵團在發酵時製造出新的氣體，進而促進發酵。另外，也是為了讓氣泡分布均勻，使麵包的組織變得細密，強化麵筋結構，讓麵包更膨脹立體。

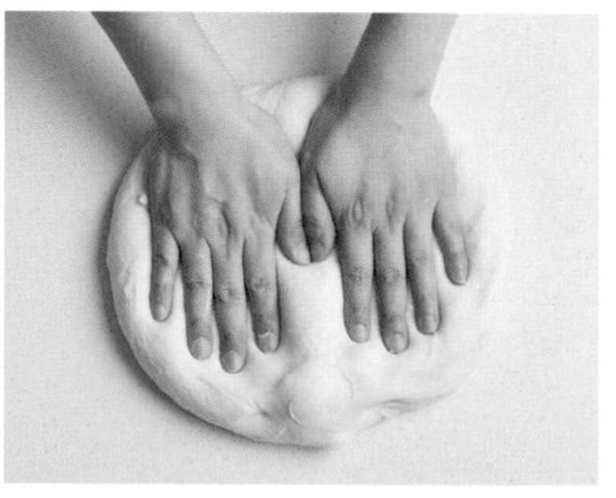

04_分割

第一次發酵結束、排氣後，將麵團進行分割（有些麵團做法會在排氣後進行追加發酵，才算完成第一次發酵的程序，最後再分割麵團）。分割麵團時，請勿用手撕開，務必使用刮板分割，並注意分割的次數，麵團過度分割會導致受損，需要多加留意。為了讓分割的麵團大小一致，請使用磅秤計算重量。麵團分割後，先稍微按壓，然後從外側往內聚攏、收口朝下，雙手如捧水姿勢，將麵團以同方向畫圈收圓。滾圓後的麵團表面光滑、呈現圓潤的模樣。

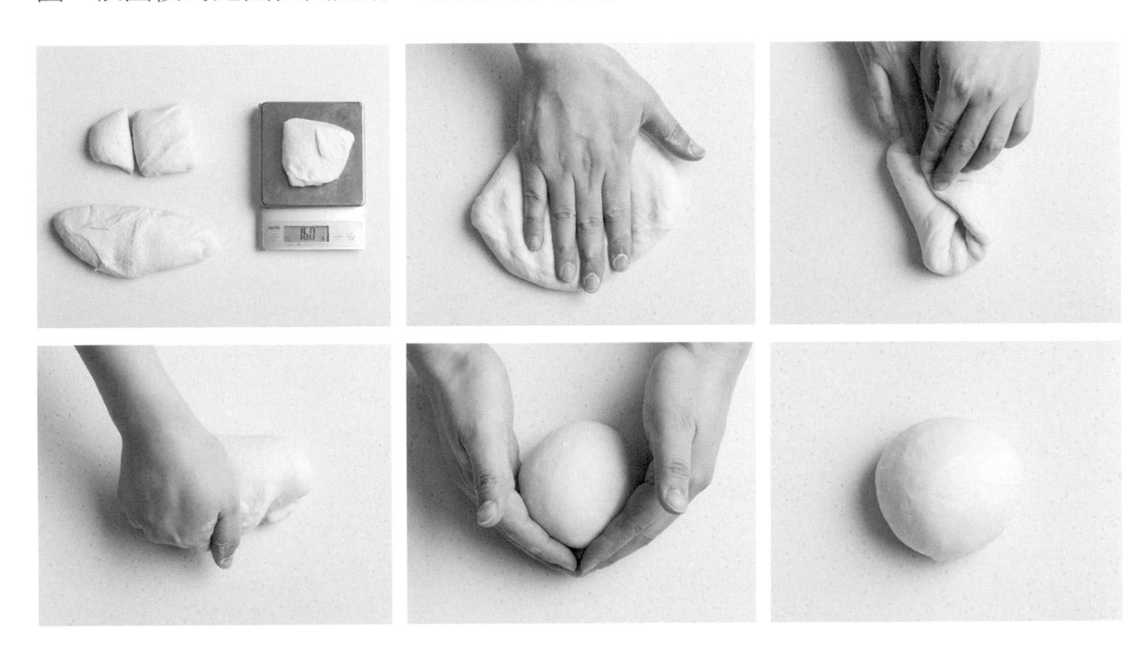

05_靜置

將分割後收圓的麵團靜置一段時間，讓麵團慢慢鬆弛。這個步驟是為了讓下一階段的整形變得更加容易。麵團可以裝進發酵箱等大尺寸的容器內靜置，然後蓋上蓋子或溼布避免麵團乾掉。不同配方需要的靜置時間略有不同，通常大約靜置15～20分鐘，使麵團充分鬆弛。

（左）一開始靜置的麵團
（右）靜置鬆弛後的麵團

06_整形

在整形階段中，會將靜置後的麵團做成想要的形狀，所以這個過程決定了吐司最後成形的樣子。本書中會介紹「三折法」、「滾圓」及「擀捲」三種整形方式。

進行三折法整形時，請用擀麵棍將麵團擀平後折成三折。接著將麵團轉九十度，再次擀平後捲起來。接著將接縫處捏實固定，收口朝下放入吐司烤模中，放入時一定要記得使接縫處朝向烤模的底部。

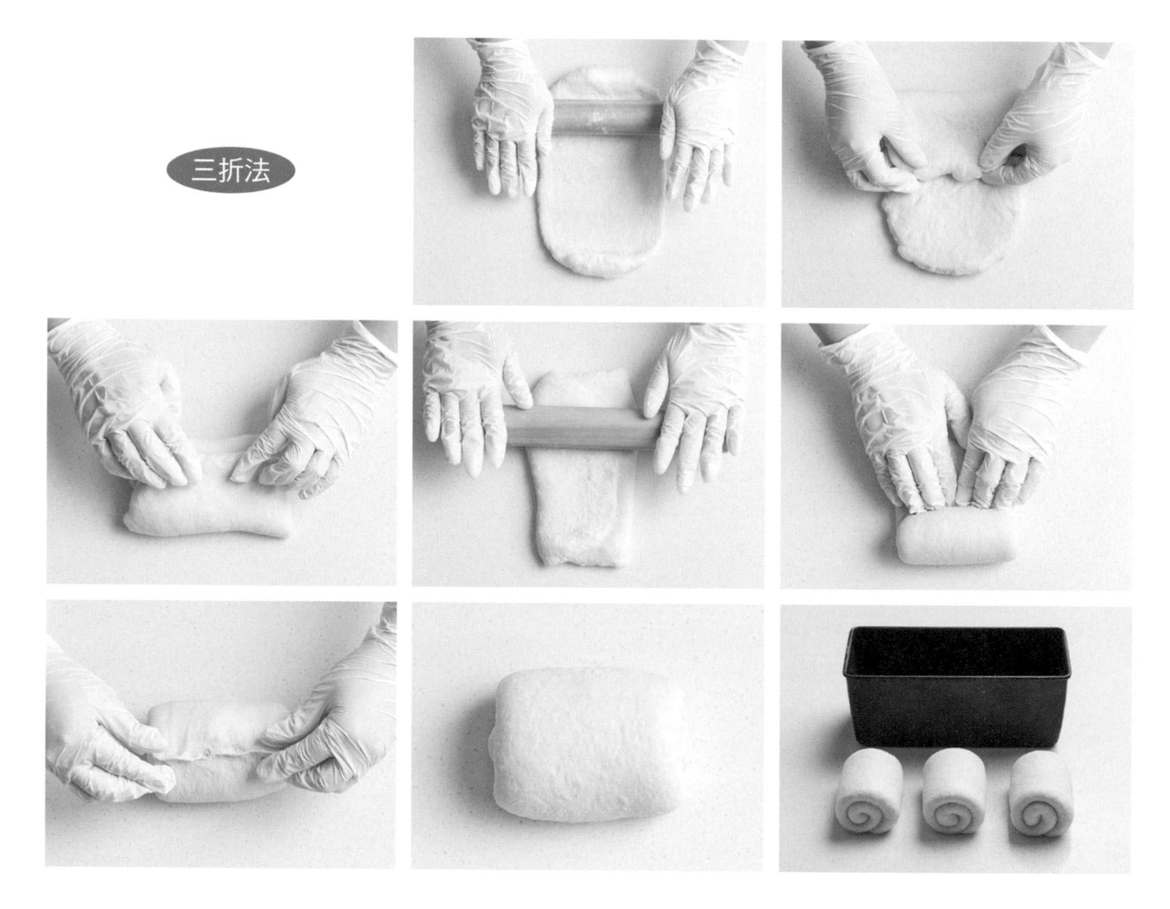

進行滾圓整形時，請先將靜置後的麵團排氣，然後再次滾圓，才能放入吐司烤模中。可以將麵團滾成圓形或橢圓形。

進行擀捲整形時，先將靜置後的麵團擀平，然後再由上至下，或由下至上將麵團捲起來。接著將接縫處捏實固定後放入吐司烤模中，放入時務必使接縫處面向吐司烤模的底部。

07_第二次發酵

如果說第一次發酵是為了使麵團膨脹，並藉此打造出特殊的風味，那麼第二次發酵就是在麵團進烤箱前，促使酵母活化的時間。透過這個步驟，可以讓麵團烘烤後呈現更飽滿漂亮的造型。

進行二次發酵前，請先用拳頭輕壓吐司烤模中的麵團。雖然不同配方或烤模的要求有所不同，但一般來說進行二次發酵時，麵團膨脹後的頂點（最高的地方）大約須高出烤模1公分（帶蓋吐司烤模則不需超出模具）。

08_烘烤

烘烤麵包需要的溫度、時間，都會隨著麵團的大小、整形方法等而有所不同。一般來說烘烤溫度大多介於170-240°C之間，必須烘烤至麵團中心熟透。

放入烤箱前如果用刷子在麵團表面刷上牛奶或蛋液，可加深上色程度，在烤過後呈現誘人的金黃烤色。如果什麼都沒塗，烤色相對之下比較不明顯，表面也不具有光澤。

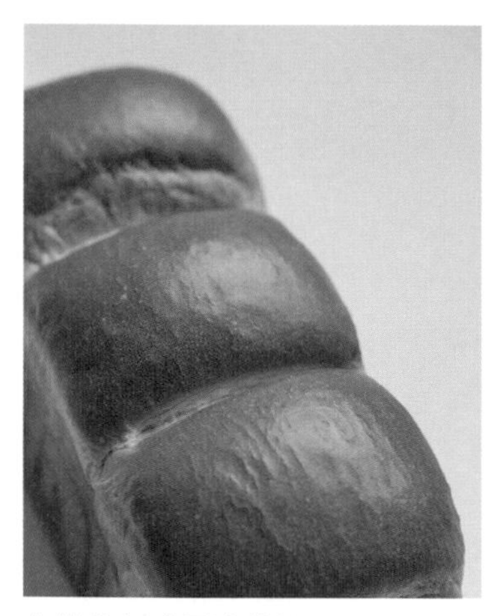
有抹牛奶或蛋液的吐司

沒有抹牛奶或蛋液的吐司

09_完成

吐司出爐後，請立刻將烤模輕摔在桌面上幫助散熱，然後從烤模中取出吐司，放在冷卻網上冷卻。如果沒有在剛烤好、還熱騰騰的時候將吐司脫模，讓吐司在內部水蒸氣沒排出的狀況下冷卻，就會導致吐司縮腰凹陷。

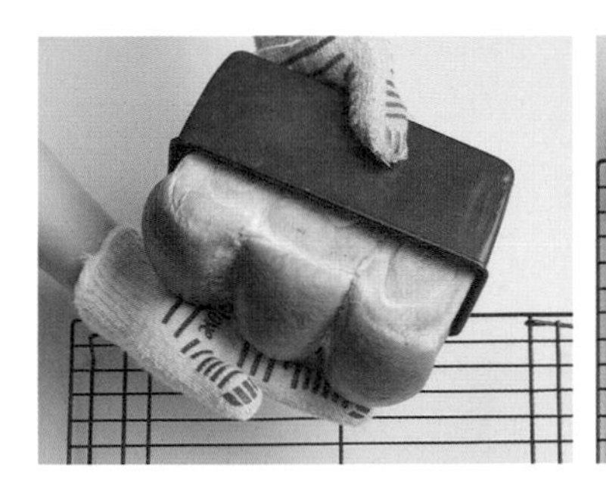

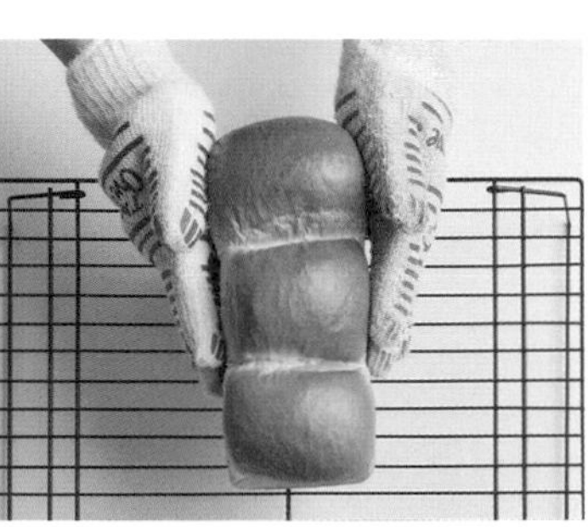

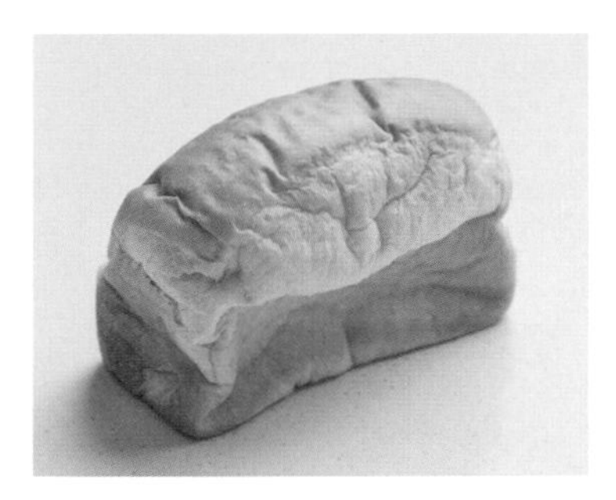

凹陷現象（cave in）

烘焙漲力和烘焙漲痕

• 烘焙漲力

英文稱「oven spring」，指麵團剛放進烤箱烘烤時的膨脹狀況。在這個階段，烤箱內的熱氣開始從麵團表面漸漸進入內部，熱能緩緩滲入，使麵團的溫度逐漸上升。隨著麵團溫度上升，酵母開始展開激烈的活動，加速二氧化碳生成，使麵團內的氣體膨脹。如此一來，麵團就會膨脹，整體的體積加速變大。在麵團中心的溫度上升至60-65°C，酵母失去活性之前，烘焙漲力會一直持續進行。等麵團內部溫度達到60-65°C，酵母失去活性後，烘焙漲力便轉而呈現明顯的下降趨勢，一旦溫度上升至75-79°C，引發麵團的糊化現象，烘焙漲力就不會再進行。

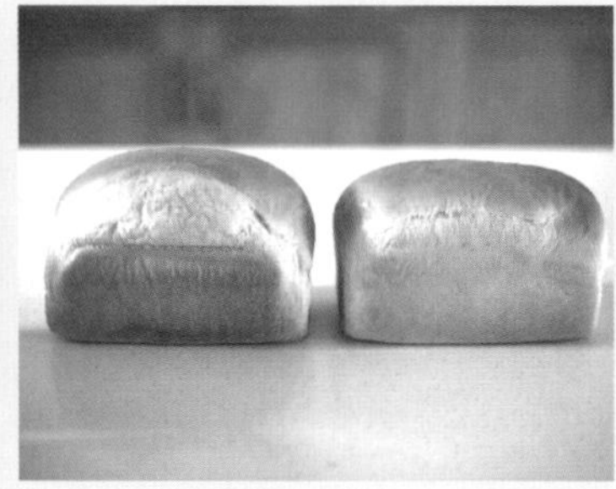

烘焙漲力的結果取決於酵母的用量、麵筋的形成、加強麵團筋性的配方等。根據這些變因，有時膨脹得多，有時則膨脹得少。一般來說，當酵母的量過少，麵筋組織的彈性過低或過高時，烘焙漲力都會比較弱。另外，如果配方中有添加幫助麵團膨脹的奶油或雞蛋，烘焙漲力的效果也會比沒添加時更好。

• 烘焙漲痕

指麵團烘焙前的頂端，以及烘焙後漲大的實際表面間的落差區域。麵團和麵團間的開口也會出現在這個區塊。烘焙漲痕可以視為烘焙漲力的表現成果，但並非一定要有，或者絕對不能有的現象。漲痕如果太大、太粗糙，在體積和外型對稱上可能會出現缺陷，所以最好不要太大，剛剛好就好。

⚹ 吐司的保存方法

吐司從烤箱取出並冷卻後，為避免水分蒸發，最好立刻密封包裝。包裝後放在室溫下，約一到兩天內吃完，如果要放更久，可將吐司切成方便食用的片狀，再一片片密封包裝後冰入冷凍，避免水分蒸發、變乾。要吃之前再將要吃的量從冰箱取出，先置於室溫約30～40分鐘，解凍後稍微加熱或做成吐司料理都很美味。

CLASS 03

學會自己調整配方
——烤模容積&麵團重量

01. 烤模容積

02. 麵團重量

烤模容積 vs 麵團重量

吐司烤模有各式各樣的造型，即使乍看之下很相似，但每一種烤模的大小和造型各有不同，體積也不同。也因為這樣，除非按照食譜挑選模具，不然很難使用到百分百符合配方的剛好尺寸。我課堂上的學生剛開始也都是如此，不曉得如何依照自己的模具調整、正確使用食譜。在這個章節中，我要教大家如何依照吐司烤模調整麵團份量的方式。

01_烤模容積

A. 方形烤模的容積＝長×寬×高（需測量烤模內緣，非外側）

為了準備正確的麵團量，必須先知道自己的吐司烤模容積。「容積」簡單來說就是「體積」，使用方正烤模時很容易計算，只要套用長方體體積的公式就能得出結果。計算烤模的容積時，請以內側的邊長為準。

ex.　以長8cm、寬16cm、高6.5cm的吐司烤模來說，
∴ 烤模的容積＝8×16×6.5＝832cm^3

B. 其他烤模的容積

❶ 上寬下窄的梯形烤模（又稱「跳箱吐司模」）的容積
＝（上表面積＋下表面積）÷2×高。

分別換算出梯形的上下表面積後，加起來除於二，再乘於高，即可得出正確容積。

ex.　上層：寬13cm、長17cm
下層：寬11cm、長15cm
高度：12.5cm
① 上層面積＝13×17＝221cm^2
② 下層面積＝11×15＝165cm^2
③ 將①和②相加後除以二＝(221+165)÷2＝193cm^2
∴ 烤模的容積＝193×12.5（烤模高度）＝2412.5cm^3

❷ 圓柱狀烤模的容積＝πr^2（圓形表面積）× 高

只要套用計算圓柱體積的公式「圓半徑 × 圓半徑 ×3.14× 高」，就可以換算出容積。

ex. 圓形直徑：10cm（半徑5cm）
模具高度：20cm
① 圓形表面積＝5×5×3.14＝78.5cm²
∴ 烤模的容積＝78.5×20（烤模高度）＝1570cm³

❸ 其他方式：加水後測量重量

除了體積公式外，對於形狀不規則的模具，也可以用填水的方式來計算。將烤模放到秤上（若底部有孔洞需先包塑膠袋防漏水），接著加水裝滿，水的重量跟體積相同，也就是1ml水=1cm³水=1公克水，大約等於模具的容積，是一個比較方便的測量方式，有時也會放入粉末來測量。

02_麵團重量

A. 山形吐司容積比約3.2～3.5；角形吐司容積比約4

麵團的重量會直接左右成品最終的完成度，有可能導致外型不完整，內部組織被過度擠壓或是中空。如果是商用配方，更是影響價格的關鍵，所以最好盡可能計算出精準的用量。

麵團重量會依照烤模的容積和容積比來計算。雖然依據材料配方有些微差異，但一般山形吐司的容積比大多是3.2～3.5左右，而角形吐司則是4左右。

B. 麵團重量＝烤模容積 ÷ 容積比（膨脹係數）

換算烤模所需的麵團重量時，大多是根據烤模容積和容積比來換算。如上述所說，先算出烤模的容積大小，並確認要做角形吐司或山形吐司後，再按照相符的容積比分配重量，就能得出需要的麵團重量。

ex. 以寬8cm、長16cm、高6.5cm的方形烤模，製作山形吐司時所需的麵團量為例：
① 烤模容積＝8×16×6.5＝832
② 容積比＝山形吐司3.2～3.5
③ 容積比為3.2時，所需麵團重量＝832÷3.2＝260
④ 容積比為3.5時，所需麵團重量＝832÷3.5＝237
∴麵團重量＝237～260g

CLASS 04

各有特色的美味
——吐司的種類

01. 按造型分類

A. 角形吐司

B. 山形吐司

02. 按做法分類

A. 直接法

B. 中種法

C. 湯種法

D. 天然酵母法

E. 低溫發酵法

吐司的
分類

01_按造型分類

A. 角形吐司

角形吐司在烘焙時會蓋上吐司烤模的蓋子，所以烤出來的成品有稜有角。跟山形吐司相比，需要烘烤比較久的時間，才能順利烤出好的成品。其中，又以十九世紀美國發明家喬治·普爾曼所設計的普爾曼公司火車造型的「普爾曼吐司」（Pullman Loaves）最具代表性。

B. 山形吐司

山形吐司在烘烤時不會蓋蓋子，烤好的麵團會像山一樣鼓起來。因為烘烤時沒有蓋子擋住，所以麵團會根據配方差異而呈現不同程度的烘焙漲力，導致最終的體積有所不同。

根據麵團分割和整形的結果，有的會烤成單峰的「擀捲」造型，或是整形成多團後，烤成「雙峰」、「三峰」、「四峰」等多種樣式。

02_按做法分類

A. 直接法

一次加入所有材料後攪拌的做法。優點是製作時間較短且能保有食材的風味，但缺點是成品老化速度較快，且容易受到食材和製作過程的影響。

B. 中種法

先攪拌一部分的材料，使其充分發酵成中種麵團，接著再加入主麵團攪拌。使用中種法時，麵團老化的速度會比直接法慢，而且發酵成果及膨脹程度都較為優秀。缺點是製作時間會拉得比較長，也較難保有材料本身的風味。中種法還分為100%中種法和普通中種法。

C. 湯種法

「湯種」又稱為「燙麵」，是利用高溫將麵粉的澱粉糊化後，製成有黏性的口感。將湯種麵團加入主麵團後攪拌的方法，就稱為湯種法。湯種法不添加酵母，也不會經過發酵，與中種法有很大的差異。將做好的湯種加入主麵團後攪拌，做出來的麵團較為濕潤且具黏性，與採用直接法製作的成品相比，老化速度較慢。

D. 天然酵母法

使用穀物或水果中的酵母、菌種等微生物，再添加麵粉和水製成天然酵母菌種進行的發酵作業。在商業酵母上市前大多使用此方法，透過麵團中的酵母、乳酸菌、醋酸菌等微生物活動來使麵團膨脹，增添麵團的風味。多樣的有機酸能夠打造出獨特的風味，也有助於延緩成品的老化。但也因為是使用天然菌種來產生氣體，製作上的難度較高，也需要比較長的時間。

E. 低溫發酵法

低溫發酵法是將麵團放入冰箱的發酵方式。透過低溫降低酵母的活性，可以減緩發酵的速度，不用一直守著麵團，作業時間比較彈性。

低溫發酵法又分為許多種：中種麵團低溫發酵法、主麵團低溫發酵法、第一次發酵後分割的麵團低溫發酵法、整形後以低溫發酵法進行第二次發酵等。

對於商家來說，低溫發酵是比較容易掌控的方式。因為不用擔心麵團一下子就發酵過頭，可以彈性調配製作流程，因應短時間內要出爐的多款麵包。且在成品出爐之前也能節省許多時間，有助於大幅提升效率。另外，透過長時間的發酵，可以增添麵包的風味，延緩成品老化。

CLASS 05

吃過一次就戒不掉！
——獨創吐司配方

吐司的基本配方、烘焙百分比

吐司的變化性非常高，換一個配方差異性就很大。從完全不含油脂、砂糖，口感如法國長棍般的法國吐司，到添加牛奶、脫脂奶粉等乳製品，或加入大量奶油、雞蛋的軟綿布里歐吐司等，口味、口感到外觀截然不同。在製作我們「浪漫麵包工作室」設計的獨家吐司之前，大家先一起來認識「基礎吐司」──最簡單卻最讓人著迷的做法吧！

• 吐司的基本配方

一般來說，在調整各種材料份量時，最常用到的就是「烘焙百分比」。計算烘焙百分比時，多半是以麵粉的重量為基準，再來換算其他材料的重量比例。以下方配方當例子，麵粉500g（也就是麵粉是100%）時，酵母的烘焙百分比就是2%。

※酵母烘焙百分比 = (10g酵母重量 ÷ 500g麵粉重量) x 100% = 2%

以下是以基礎吐司的配方來計算出的烘焙百分比。請先記住這個配方，接下來也會以這個配方為基礎，做出多樣化的吐司。

材料	重量 (g)	烘焙百分比 (%)
高筋麵粉	500	100
乾酵母	10	2
鹽	10	2
砂糖	30	6
脫脂奶粉	10	2
油脂	25	5
水	325	65

如果想要調整配方量，只要依照調整後的麵粉份量和烘焙百分比，就能推算出其他材料的用量。

※例如：麵粉從500g調整為200g時，酵母份量 = 麵粉200g x酵母的烘焙百分比2% = 4g

01

基礎白吐司

做麵包跟做人做事一樣，「基本」是最重要的。
雖然本書中介紹了各種不同吐司的配方，但在那之前，
我們必須先回到根本，學會用基本的配方來製作基礎吐司。
打穩了根基之後，其他的做法都只是延伸而已。
請先充分練習基礎吐司的做法，再接著挑戰後面的進階吐司吧！

份量
2個無蓋吐司烤模（12兩）

材料
高筋麵粉500g
速發乾酵母8g
鹽10g、砂糖40g
脫脂奶粉25g
水320g、無鹽奶油50g

攪拌時間
依實際情況調整，約為
（麵團勾）低速3-5分鐘／
中速6-8分鐘

麵團溫度
28°C

水溫
（以使用攪拌機為例）
夏天0-5°C
春、秋天5-10°C
冬天10-15°C

烤箱
第二次發酵時
預熱至170-180°C

How To Bake

1 將無鹽奶油之外的所有材料加入盆中，用麵團勾以低速攪拌3-5分鐘。

2 接著加入無鹽奶油，用麵團勾以低速拌勻（約1-2分鐘）。

3 攪拌至成團後，轉中速攪拌6-8分鐘。

4 取一小塊麵團出來，若可拉出透光、光滑薄膜，表示麵筋已順利成形。 P28

5 麵團滾圓至表面光滑後，鋪上保鮮膜或擰乾的溼布預防麵團乾掉，靜置60-80分鐘，進行第一次發酵。

tip 請參考「確認發酵狀態」的章節。發酵時間需要根據室溫環境或麵團溫度調整。 P30

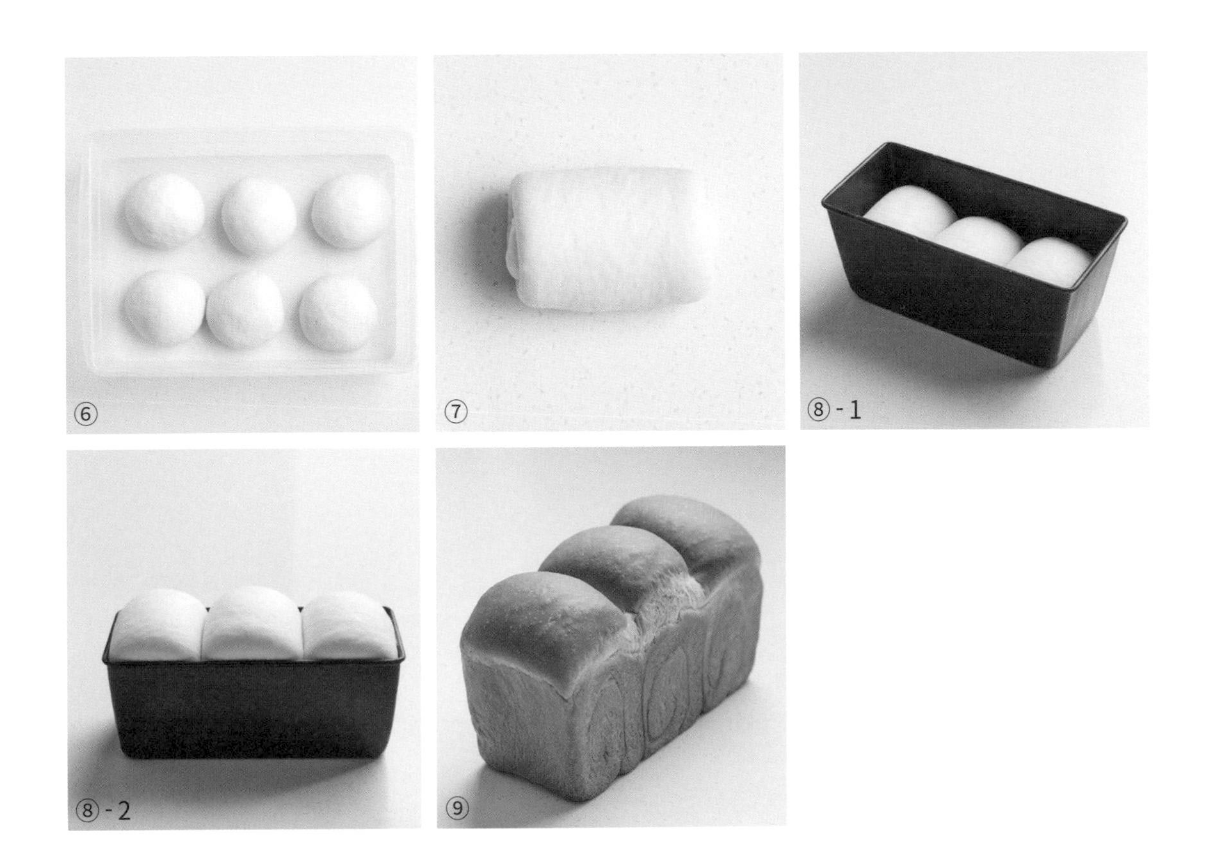

6 用刮板將麵團分割成六等分後分別滾圓，用保鮮膜或擰乾的溼布蓋起來預防麵團變乾，並靜置15-20分鐘。

7 用擀麵棍將麵團擀平後，用三折法整形。P32

8 將麵團的接縫處朝下，擺入吐司烤模內，並蓋上保鮮膜或擰乾的溼布預防麵團乾燥，靜置50-70分鐘，進行第二次發酵。等到麵團膨脹到大約超過吐司烤模1公分左右時，即發酵完成。

9 放入預熱至170°C的烤箱中，以170°C烘烤25-30分鐘。

✳ 用帶蓋吐司烤模製作角形吐司和山形吐司

• 角形吐司

How To Bake

1 將兩球重290g的麵團用三折法整形後擺入烤模中，接縫處朝向模具底端。

tip¨ 三折法：麵團擀平後從上下往中間折，轉九十度後擀平捲起，請參考P.32。

2 蓋上擰乾的溼布靜置，當麵團膨脹至約烤模的八分滿時，放入預熱至170°C的烤箱中，以170°C烘烤35-40分鐘後，取出、脫模。

• 山形吐司

How To Bake

1 將兩球重295g的麵團用三折法整形後放入烤模中，接縫處朝向模具底端。

tip¨ 三折法：麵團擀平後從上下往中間折，轉九十度後擀平捲起，請參考P.32。

2 蓋上擰乾的溼布靜置，當麵團的頂點膨脹至高於烤模約1公分左右的位置時，放入預熱至170°C的烤箱中，以170°C烘烤35分鐘後，取出、脫模。

02

濃黑芝麻吐司

在麵團中加入黑芝麻和黑芝麻粉，
堆疊出濃厚的香氣及風味。
黑芝麻吐司的材料簡單，吃起來順口又清爽，
是很受學生歡迎的一款人氣吐司。

份量
2個無蓋吐司烤模（12兩）

材料
高筋麵粉500g、鹽10g
速發乾酵母8g、砂糖35g
脫脂奶粉25g、水340g
無鹽奶油40g、黑芝麻粉50g
黑芝麻40g
刷液：牛奶 適量

攪拌時間
依實際情況調整，約為
（麵團勾）低速3-5分鐘 /
中速5-8分鐘

麵團溫度
28°C

水溫
（以使用攪拌機為例）
夏天0-5°C
春、秋天5-10°C
冬天10-15°C

烤箱
第二次發酵時
預熱至170°C

How To Bake

1 將無鹽奶油、黑芝麻刷液外的所有材料放入盆中，用麵團勾低速攪拌3-5分鐘。

2 加入無鹽奶油後先以低速攪拌，成團後再轉中速攪拌5-8分鐘。

3 當麵團變得光滑時，就可以加入黑芝麻，並轉低速攪拌均勻。

4 取一小塊麵團出來，若可拉出透光、光滑薄膜，表示麵筋已順利成形。 P28

5 麵團滾圓至表面光滑後，鋪上保鮮膜或擰乾的溼布預防麵團乾掉，靜置60-80分鐘，進行第一次發酵。

tip¨ 請參考「確認發酵狀態」的章節。發酵時間需要根據室溫環境或麵團溫度調整。 P30

6 將麵團分割成每團180g後分別滾圓（共6顆），用保鮮膜或擰乾的溼布蓋起來預防麵團乾燥，並靜置15-20分鐘。

7 用擀麵棍將麵團擀平後，用三折法整形。P32

8 將麵團的接縫處朝下，擺入吐司烤模內，並蓋上保鮮膜或擰乾的溼布預防麵團乾燥，靜置50-70分鐘，進行第二次發酵。等到麵團膨脹到大約超過吐司烤模1公分左右時，即發酵完成。

9 在表面薄薄刷上一層牛奶後，放入預熱至170°C的烤箱中，以170°C烘烤25-30分鐘後，取出、脫模。

tip¨ 表面刷上牛奶，烤出來的顏色會比較漂亮，表層比較柔軟。

03

根莖元氣吐司

地瓜、牛蒡、蓮藕、胡蘿蔔等根莖類蔬菜中，
飽含豐富的膳食纖維和維他命C等營養素。
我家孩子平常不太吃這類蔬菜，所以我試著把它們加進吐司中，
沒想到咬起來咔滋咔滋的口感非常迷人，
意外獲得很多小孩和大人的歡迎。

份量
5個多功能烤模

材料
高筋麵粉500g、鹽10g
速發乾酵母8g、砂糖40g
脫脂奶粉25g、水325g
無鹽奶油50g、炒熟的根莖類蔬菜（地瓜100g、牛蒡80g
蓮藕80g、胡蘿蔔80g）
刷液：全蛋液（全蛋10：水1）適量

攪拌時間
依實際情況調整，約為
（麵團勾）低速3-5分鐘 /
中速5-8分鐘

麵團溫度
28°C

水溫
（以使用攪拌機為例）
夏天0-5°C
春、秋天5-10°C
冬天10-15°C

烤箱
第二次發酵時
預熱至170°C

How To Bake

1 將所有根莖蔬菜去皮洗淨，地瓜和蓮藕切丁，牛蒡切絲，胡蘿蔔切小丁，全部用平底鍋乾炒或放入烤箱中烤熟。

tip¨ 炒胡蘿蔔時，請在平底鍋內倒少許油，加少許鹽巴和胡椒一起炒。

2 將無鹽奶油、根莖蔬菜和刷液之外的所有材料加入盆中，用麵團勾以低速攪拌3-5分鐘後加入無鹽奶油，繼續以低速攪拌約2分鐘，再轉中速攪拌5-8分鐘。

3 等麵團變得光滑時，加入炒根莖蔬菜，以低速攪拌2-3分鐘。

4 取一小塊麵團出來，若可拉出透光、光滑薄膜，表示麵筋已順利成形。P28

5 麵團滾圓至表面光滑後，鋪上保鮮膜或擰乾的溼布預防麵團乾掉，進行第一次發酵。

6 在室溫下發酵60分鐘後替麵團拍一拍排氣，再追加發酵40-50分鐘左右，完成第一次發酵的程序。

tip¨ 請參考「確認發酵狀態」的章節。發酵時間根據室內溫度或麵團溫度會有所不同。P30

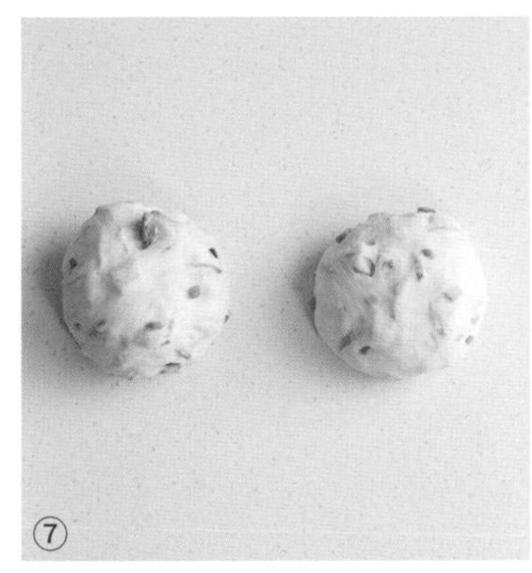

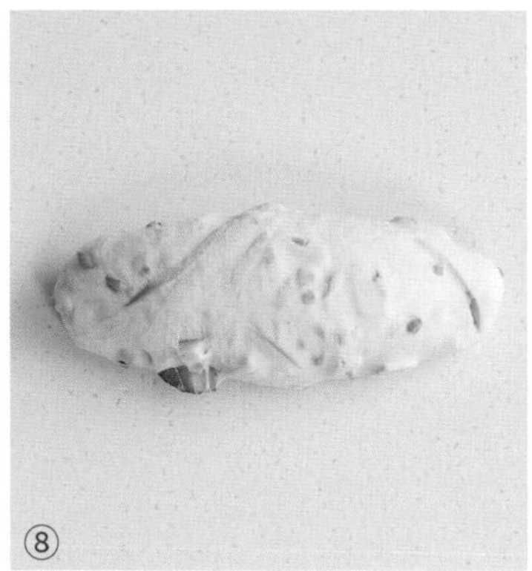

7 將麵團分割成每團260g後分別滾圓（共5顆），用保鮮膜或擰乾的溼布蓋起來預防麵團乾燥，靜置15-20分鐘。

8 將麵團以擀捲的方式整形。 P33

9 將麵團的接縫處朝下，擺入吐司烤模內，並蓋上保鮮膜或擰乾的溼布預防麵團乾燥，進行第二次發酵，發酵到麵團膨脹到大約超過吐司烤模1公分左右為止。

10 在表面薄薄擦一層全蛋液（全蛋和水的比例為10：1）後，放入預熱至170°C的烤箱中，以160-170°C烘烤18-20分鐘，取出後脫模。

tip¨ 表面刷上蛋液，烤出來會有漂亮的烤色，香氣更濃郁。

04

雲朵白吐司

想要嘗試不同的口感時，
可以試試這款低溫烘焙的雪白吐司。
沒有經過高溫的軟綿，必須花時間充分烘烤，
小心翼翼從烤箱取出，避免遭受衝擊或碰撞，
才能完成雲朵般鬆軟白膨的模樣。

份量
3個多功能烤模

材料
高筋麵粉400g、鹽7g
速發乾酵母6g、砂糖32g
脫脂奶粉9g、水265g
無鹽奶油36g

攪拌時間
依實際情況調整，約為
（麵團勾）低速3-5分鐘／
中速4-6分鐘

麵團溫度
26°C

水溫
（以使用攪拌機為例）
夏天0-5°C
春、秋天5-10°C
冬天10-15°C

烤箱
第二次發酵時
預熱至110-120°C

How To Bake

1 將無鹽奶油之外的所有材料加入盆中，以低速攪拌3-5分鐘。

2 加入無鹽奶油後先以低速攪拌成團，再轉中速4-6分鐘，攪拌至麵團表面變得光滑。

3 取一小塊麵團出來，若可拉出透光、光滑薄膜，表示麵筋已順利成形。P28

4 麵團滾圓至表面光滑後，鋪上保鮮膜或擰乾的溼布預防麵團乾掉，靜置70-90分鐘，進行第一次發酵。

tip¨ 請參考「確認發酵狀態」的章節。發酵時間需要根據室溫環境或麵團溫度調整。P30

5 將麵團分割成每團120g後分別滾圓（共6顆），用保鮮膜或擰乾的溼布蓋起來預防麵團乾燥，並靜置15分鐘。

6 將麵團滾圓整形後，放入吐司烤模內，蓋上保鮮膜或擰乾的溼布，進行第二次發酵，等到麵團膨脹到大約超過吐司烤模1公分左右後，放入預熱至110-120°C的烤箱中，以110°C烘烤35-38分鐘，取出後脫模。

05

鮮奶油牛奶吐司

加入牛奶和鮮奶油，濃濃奶香風味的柔軟吐司。
打開冰箱看到賞味期限將近的牛奶、鮮奶油時，
試著做做看這款「清冰箱」吐司吧，
每一口都鬆軟綿密，散發宜人的奶香味。

份量
2個多功能烤模

材料
高筋麵粉250g、鹽4g
速發乾酵母4g、砂糖35g
脫脂奶粉12g、全蛋15g
牛奶130g、鮮奶油60g
刷液：牛奶 適量

攪拌時間
依實際情況調整，約為
（麵團勾）低速3-5分鐘 /
中速6-8分鐘

麵團溫度
28°C

水溫
（以使用攪拌機為例）
夏天0-5°C
春、秋天5-10°C
冬天10-15°C

烤箱
第二次發酵時
預熱至160°C

How To Bake

1 將刷液之外的所有材料都放進盆內，以低速攪拌3-5分鐘。

2 充分攪拌均勻後，以中速攪拌約6-8分鐘，直到麵團表面變光滑。

tip¨ 隨著麵團種類的不同，揉麵的時間可能會減少，也可能會增加。

3 取出麵團後滾圓。

4 鋪上保鮮膜或擰乾的溼布預防麵團乾掉，靜置60-80分鐘，進行第一次發酵，直到麵團膨脹至兩倍大。

tip¨ 請參考「確認發酵狀態」的章節。發酵時間需要根據室溫環境或麵團溫度調整。P30

5 將麵團分割成每團75g後分別滾圓（共6顆），用保鮮膜或擰乾的溼布蓋起來預防乾燥，靜置15-20分鐘。

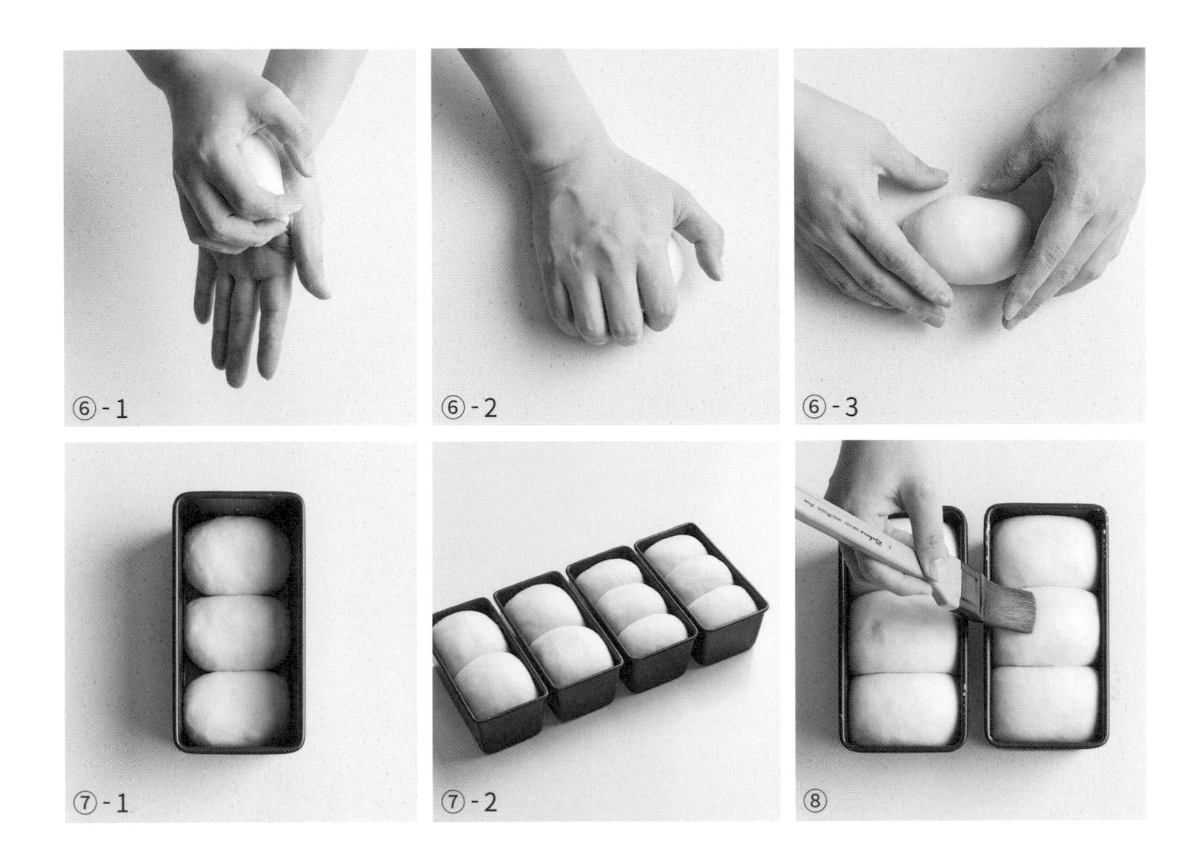

6　將麵團滾圓整形成橢圓形。P33

7　將麵團裝入吐司烤模內，並蓋上保鮮膜或擰乾的溼布預防麵團乾燥，進行第二次發酵。等到麵團膨脹到大約超過吐司烤模1公分時，即發酵完成。

8　在表面薄薄刷上一層牛奶後，放入預熱至160°C的烤箱內，以160°C烘烤20-22分鐘，取出後脫模。

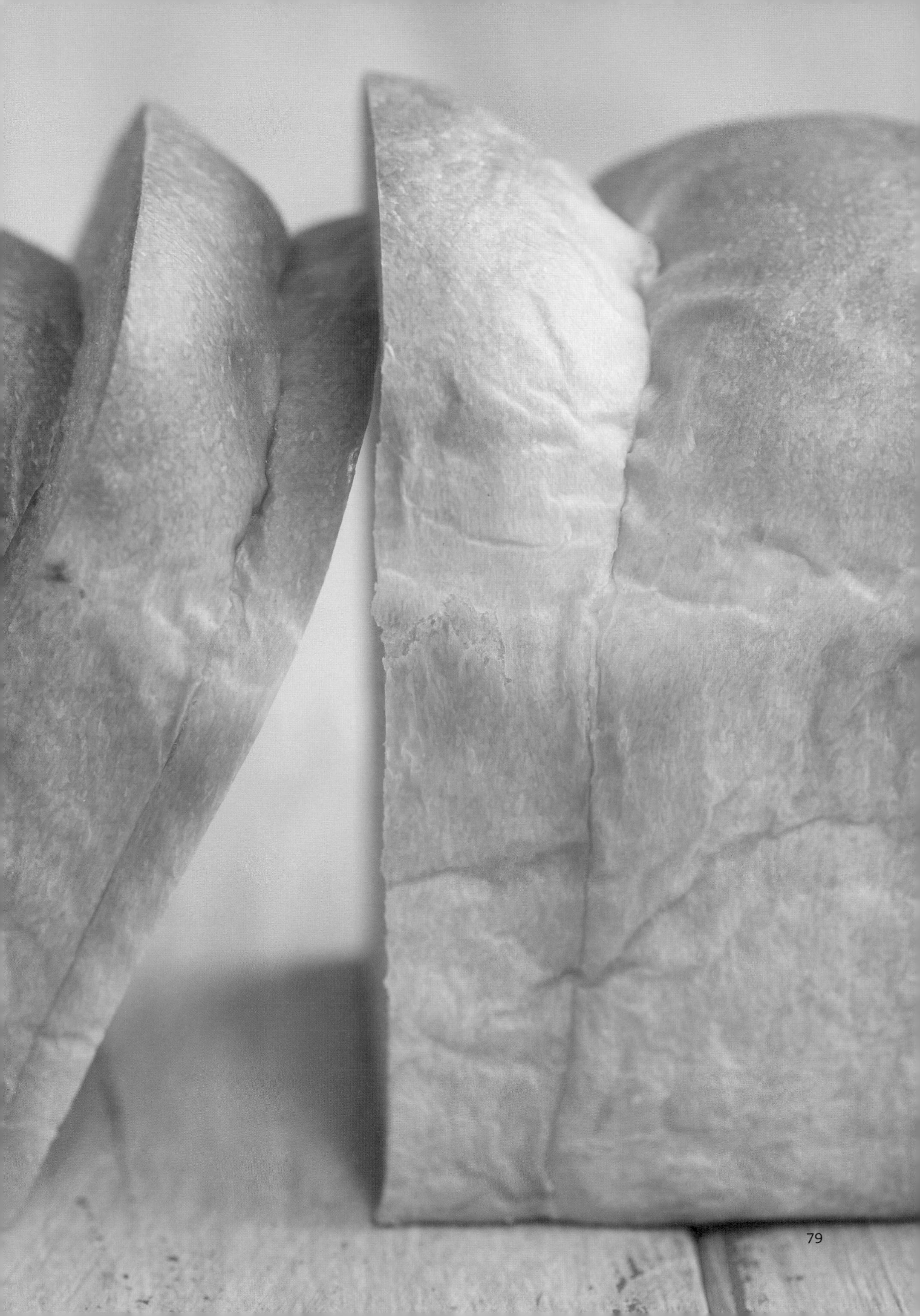

06

糖脆奶油吐司

添加豐富雞蛋及奶油的超人氣吐司。
濃郁香醇的口味，單吃就已經讓人難以抗拒，
表層撒上少許砂糖增加口感，
或是活用於吐司料理、製成三明治，
更是每天吃也不膩的經典美味。

份量
2個無蓋吐司烤模（12兩）

材料
高筋麵粉500g、鹽9g
速發乾酵母8g、砂糖60g
脫脂奶粉20g、水270g
全蛋60g、無鹽奶油80g
裝飾用材料：全蛋液（全蛋10：水1）適量、無鹽奶油（室溫軟化）適量、砂糖 適量

攪拌時間
依實際情況調整，約為（麵團勾）低速3-5分鐘 / 中速6-8分鐘

麵團溫度
28°C

水溫
（以使用攪拌機為例）
夏天0-5°C
春、秋天5-10°C
冬天10-15°C

烤箱
第二次發酵時
預熱至160-170°C

How To Bake

1 將無鹽奶油、裝飾用材料之外的所有材料放入盆中，用麵團勾以低速攪拌3-5分鐘。

2 轉中速攪拌3分鐘。

3 加入無鹽奶油後，先以低速拌勻，再轉中速攪拌4-6分鐘。

4 取一小塊麵團出來，若可拉出透光、光滑薄膜，表示麵筋已順利成形。P28

5 麵團滾圓至表面光滑後，鋪上保鮮膜或擰乾的溼布預防麵團乾掉，靜置70-90分鐘，進行第一次發酵。

tip¨ 請參考「確認發酵狀態」的章節。發酵時間需要根據室溫環境或麵團溫度調整。P30

6 將麵團分割成每團120g後分別滾圓（共8顆），用保鮮膜或擰乾的溼布蓋起來預防麵團乾燥，靜置20-25分鐘。

7 再次滾圓，並將麵團整形成橢圓形。P33

8 將麵團擺入吐司烤模內，蓋上保鮮膜或擰乾的溼布預防麵團乾燥，進行第二次發酵。等到麵團膨脹到高出吐司烤模1公分左右時，即發酵完成。

9 在麵團表面抹上一層薄薄的全蛋液。

tip¨ 全蛋液比例為「全蛋10：水1」，混合均勻即可。

10 用剪刀在每個麵團中央剪一刀，形成一個凹槽。

⑪

⑫

How To Bake

11 將室溫軟化的無鹽奶油放入擠花袋中，剪開袋口後，擠入麵團的凹槽中。

12 在表面撒上砂糖，放入預熱至160-170°C的烤箱中，以160-170°C烘烤27-28分鐘，取出後脫模。

07

厚紅茶吐司

我很喜歡紅茶的香氣和味道，
但市面上的紅茶吐司總是沒有我想要的濃郁感。
為了成功做出理想中的紅茶吐司，
我花費很長的時間研究、測試、調整比例，
才完成這款茶香醇濃的厚紅茶吐司，
想要茶味淡一點的人，自己減少茶葉量即可哦！

份量
3個多功能烤模

材料
高筋麵粉400g、鹽7g
速發乾酵母（金*）6g
砂糖30g、脫脂奶粉8g
水164g、無鹽奶油25g
牛奶180g、伯爵茶葉18g
（使用茶包或茶葉末）
刷液：全蛋液（全蛋10：水1）
適量

*速發乾酵母（金）為法國燕子牌強力即發酵母（高糖）。

攪拌時間
依實際情況調整，約為
（麵團勾）低速3-5分鐘 /
中速6-8分鐘

麵團溫度
28°C

水溫
（以使用攪拌機為例）
夏天0-5°C
春、秋天5-10°C
冬天10-15°C

烤箱
第二次發酵時
預熱至170°C

How To Bake

製作紅茶液

1 在鍋中放入牛奶和伯爵茶葉，煮到微滾。

tip ¨ 伯爵茶建議使用茶包內已經打碎的茶葉，如果是比較大片的伯爵茶葉，必須先以攪拌機打成細碎狀，之後添加到吐司裡才不會影響口感。

2 沸騰後轉小火，讓茶葉浸泡2分鐘。

tip ¨ 牛奶在高溫久煮下容易變質，煮到微滾後就要轉小火，也不要煮太久。

3 過濾出120g的紅茶液，並保留一半煮過的碎茶葉備用。

製作麵團

4 將無鹽奶油和紅茶葉之外的所有材料（包含紅茶液）放入盆中，用麵團勾以低速攪拌3-5分鐘。

5 加入無鹽奶油後，先以低速稍微攪拌均勻，再轉中速攪拌6-8分鐘。

6 放入紅茶葉，以低速攪拌均勻。

7 取一小塊麵團出來，若可拉出透光、光滑薄膜，表示麵筋已順利成形。 P28

8 麵團滾圓至表面光滑後，鋪上保鮮膜或擰乾的溼布預防麵團乾掉，靜置70-80分鐘，進行第一次發酵。

tip¨ 請參考「確認發酵狀態」的章節。發酵時間需要根據室溫環境或麵團溫度調整。 P30

9 將麵團分割成每團125g後分別滾圓（共6顆），用保鮮膜或擰乾的溼布蓋起來預防麵團乾燥，並靜置20分鐘。

10 將麵團拍一拍排氣後再次滾圓整形。 P30 P33

11 將麵團光滑面朝上擺入吐司烤模，蓋上保鮮膜或擰乾的溼布預防麵團乾燥，進行第二次發酵。等麵團膨脹到高出吐司烤模1公分左右時，即發酵完成。

12 在表面薄薄刷上一層全蛋液後，放入預熱至170°C的烤箱，以170°C烘烤18-20分鐘，取出後脫模。

08

摩卡餅乾吐司

香濃柔軟的咖啡麵包遇見酥脆餅乾，
再加上堅果和果乾的多層次口感，
在口腔裡上演雀躍又新奇的味蕾體驗。
結合不同軟硬度、鬆脆感的食材，
同樣是吐司，也有很不一樣的豐富滋味。

份量
4個正方形吐司烤模

材料
摩卡餅乾
無鹽奶油（室溫軟化）50g
咖啡萃取液1/2小匙
砂糖76g、全蛋24g
低筋麵粉110g
烘焙泡打粉0.5g

麵團
高筋麵粉500g、鹽8g
速發乾酵母（金*）9g
砂糖70g、全蛋52g
牛奶218g、無鹽奶油60g
熱水（用來泡咖啡）62g
即溶咖啡15g
碎核桃仁80g、蔓越莓90g
*速發乾酵母（金）為法國燕子牌強力即發酵母（高糖）。

攪拌時間
依實際情況調整，約為
（麵團勾）低速3-5分鐘／
中速5-8分鐘

麵團溫度
28°C

水溫
（以使用攪拌機為例）
夏天0-5°C
春、秋天5-10°C
冬天10-15°C

烤箱
第二次發酵時
預熱至170°C

How To Bake

製作摩卡餅乾

1 將室溫軟化的無鹽奶油和咖啡萃取液放入盆中稍微攪拌。

2 將砂糖分3次少量加入後攪拌均勻。

3 將全蛋分3次加入後攪拌均勻。

4 加入過篩的低筋麵粉和烘焙泡打粉，用刮刀輕輕拌勻。

5 將麵團移到工作台上，使用刮板將散狀的麵團翻壓成團。

6 麵團集結成塊後，用保鮮膜密封起來，在使用前先放冰箱冷藏靜置。

製作麵團

7 準備核桃和蔓越莓。核桃先放平底鍋乾炒或放入烤箱中稍微烘烤。

8 即溶咖啡用熱水泡開後，和除了無鹽奶油、核桃、蔓越莓之外的所有材料一起加入盆中，用麵團勾低速攪拌3-5分鐘。

9 加入無鹽奶油後，以低速攪拌1-2分鐘，然後再轉中速攪拌5-8分鐘。

10 當麵團變得光滑後，就可以加入核桃和蔓越莓，以低速攪拌均勻。

11 取一小塊麵團出來，若可拉出透光、光滑薄膜，表示麵筋已順利成形。P28

12 麵團滾圓至表面光滑後，鋪上保鮮膜或擰乾的溼布預防麵團乾掉，靜置60-80分鐘，進行第一次發酵。

tip¨ 請參考「確認發酵狀態」的章節。發酵時間需要根據室溫環境或麵團溫度調整。P30

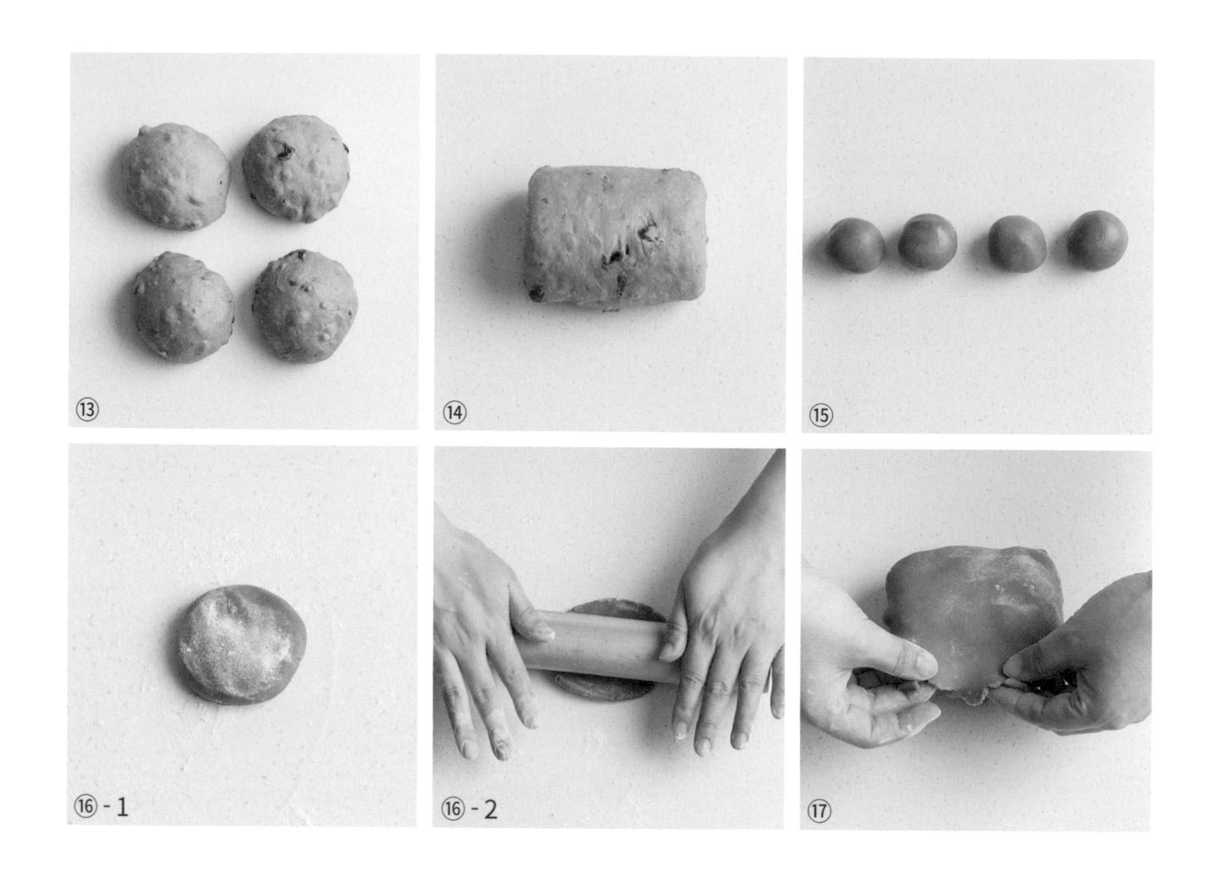

How To Bake

13 將麵團分割成每團280g後分別滾圓（共4顆），用保鮮膜或擰乾的溼布蓋起來預防麵團乾燥，並靜置15分鐘。

14 將麵團拍一拍排氣後再次滾圓，並用擀麵棍將麵團擀平，用三折法整形。P32

15 從冰箱取出事先做好的摩卡餅乾麵團，分割成每30g一份（共4份）。

16 用擀麵棍將摩卡餅乾麵團擀平成麵皮。

17 將摩卡餅乾麵皮包覆在吐司麵團的表面。

⑱

⑲

18 將麵團的麵皮朝上，擺入吐司烤模中，蓋上保鮮膜或擰乾的溼布預防麵團乾燥，進行第二次發酵。等到麵團膨脹到高過吐司烤模1公分左右，即發酵完成。

19 放入預熱至170°C的烤箱內，以170°C烘烤20-22分鐘，取出後脫模。

09

抹茶白巧克力吐司

在濃濃的抹茶中，加入溫潤的白巧克力調合，
喜歡抹茶的人，一定要試試看這款吐司，
綿密軟甜的滋味搭上抹茶香氣，讓人胃口大開！

份量
3個多功能烤模

材料
高筋麵粉350g、鹽7g
速發乾酵母6g、砂糖35g
脫脂奶粉12g、原味優格12g
水250g、抹茶粉7g
無鹽奶油30g、白巧克力70g
刷液：全蛋液（全蛋10：水1）
適量

攪拌時間
依實際情況調整，約為
（麵團勾）低速3-5分鐘 /
中速5-8分鐘

麵團溫度
28°C

水溫
（以使用攪拌機為例）
夏天0-5°C
春、秋天5-10°C
冬天10-15°C

烤箱
第二次發酵時
預熱至170°C

How To Bake

1 將無鹽奶油、白巧克力、全蛋液之外的所有材料加入盆中，用麵團勾以低速攪拌3-5分鐘。

2 接著轉中速攪拌2分鐘。

3 加入無鹽奶油後，以低速稍微攪拌均勻。

4 轉中速攪拌5-8分鐘後加入白巧克力，以低速攪拌。

5 取一小塊麵團出來，若可拉出透光、光滑薄膜，表示麵筋已順利成形。P28

6 麵團滾圓至表面光滑後，鋪上保鮮膜或擰乾的溼布預防麵團乾掉，靜置60-80分鐘，進行第一次發酵。

tip¨ 請參考「確認發酵狀態」的章節。發酵時間需要根據室溫環境或麵團溫度調整。P30

7 將麵團分割後分別滾圓，用保鮮膜或擰乾的溼布蓋起來預防麵團乾燥，靜置20分鐘。

tip¨ 用擀捲法整形時，每260g一份（共3顆）。
如果要做成雙峰吐司，就分割成130g一份（共6顆）。

8 將麵團拍一拍排氣後再次滾圓，並整形成橢圓形。P33

9 將麵團裝入吐司烤模內，蓋上保鮮膜或擰乾的溼布預防麵團乾燥，進行第二次發酵。等麵團膨脹到高出吐司烤模1公分左右時，即發酵完成。

10 麵團表面薄刷上一層全蛋液後，放入預熱至170°C的烤箱，以170°C烘烤18-19分鐘，取出後脫模。

10

藍莓包餡吐司

這款吐司運用到加入水果和果醬的技巧，
麵團裡滿滿的藍莓，內餡也包了大量藍莓果醬，
水果的味道完全釋放出來，甜甜的果香也很清爽，
可以試試看換成其他水果哦！

份量
4個多功能烤模

材料
高筋麵粉500g、鹽8g
速發乾酵母8g、砂糖65g
奶粉20g、全蛋40g、水170g
無鹽奶油45g、
冷凍藍莓（麵團用）90g
藍莓果醬（內餡用）160g
刷液：全蛋液（全蛋10：水1）
適量

攪拌時間
依實際情況調整，約為
（麵團勾）低速3-5分鐘 /
中速5-8分鐘

麵團溫度
28°C
（如果使用冷藏藍莓，水溫需
依照當時溫度調整，大概高於
建議水溫的10-15°C左右）

水溫
（以使用攪拌機為例）
夏天0-5°C
春、秋天5-10°C
冬天10-15°C

烤箱
第二次發酵時
預熱至170°C

How To Bake

1 將無鹽奶油、藍莓醬和刷液外的所有材料加入盆中，用麵團勾低速攪拌3-5分鐘。

tip¨ 冷凍藍莓在使用前，請先從冰箱取出於室溫中退冰。

2 加入無鹽奶油後以低速攪拌，然後再以中速攪拌5-8分鐘。

3 取一小塊麵團出來，若可拉出透光、光滑薄膜，表示麵筋已順利成形。P28

4 麵團滾圓至表面光滑後，鋪上保鮮膜或擰乾的溼布預防麵團乾掉，靜置70-80分鐘，進行第一次發酵。

tip¨ 請參考「確認發酵狀態」的章節。發酵時間需要根據室溫環境或麵團溫度調整。P30

5 將麵團分割成每團230g後分別滾圓（共4顆），用保鮮膜或擰乾的溼布蓋起來預防麵團乾燥，並靜置15分鐘。

6 用擀麵棍將麵團擀平。

7 表面均勻抹上藍莓醬。

8 將麵團以擀捲起後整形成橢圓形。 P33

9 將麵團接縫處朝下，擺入吐司烤模內，蓋上保鮮膜或擰乾的溼布預防麵團乾燥，進行第二次發酵。等麵團膨脹到高過吐司烤模1公分左右時，即發酵完成。

10 在表面薄薄刷上一層全蛋液後，放入預熱至170°C的烤箱，以170°C烘烤18-20分鐘，取出後脫模。

11

無糖法式吐司

這款吐司不加砂糖，而且使用法國產的麵粉，
純粹的麵粉香氣和味道，可以說是法國長棍麵包的吐司版。
口感與用砂糖、雞蛋和奶油製成的柔軟吐司截然不同，
發酵時間相對較長，需要比較充裕的製作時間。

份量
3個哈密瓜吐司烤模

材料
T55（法國麵粉）385g
高筋麵粉165g、鹽10g
速發乾酵母（紅）6g
脫脂奶粉10g、麥芽精3g
水375g、無鹽奶油16g
*速發乾酵母（紅），指的是紅色包裝的法國燕子牌強力即發酵母（低糖用）。

攪拌時間
依實際情況調整，約為
（麵團勾）低速5-7分鐘 /
中速4-6分鐘

麵團溫度
25-26°C

水溫
（以使用攪拌機為例）
夏天0-5°C
春、秋天5-10°C
冬天10-15°C

烤箱
第二次發酵時
預熱至230°C

其他事項
發酵時間較長，製作時
需預留充裕的時間。

How To Bake

1 將刷液之外所有材料都放進盆內，用麵團勾以低速攪拌。

tip¨ 當奶油量少於粉末材料總重的5%時，直接和其他材料一起攪拌即可。

2 攪拌均勻後靜置30分鐘左右，讓麵團完成水合作用，接著轉中速攪拌至表面光滑。

tip¨ 水合作用指的是將水和麵粉拌勻後靜置，這段時間內，麵粉中的蛋白質吸收水分子，利用水解作用自然產生筋性的方法。

tip¨ 麵團表面不需要整體都很光滑。

3 取一小塊麵團出來，若可拉出透光、光滑薄膜，表示麵筋已順利成形。P28

4 將麵團滾圓後，鋪上保鮮膜或擰乾的溼布預防乾燥，放在室溫中發酵80分鐘。

5 敲打麵團排氣後，將麵團再次滾圓。

6 進行30分鐘的追加發酵後，完成第一次發酵。

tip¨ 請參考「確認發酵狀態」的章節。發酵時間需要根據室溫環境或麵團溫度調整。P30

7 將麵團分割成每團320g後分別滾圓（共3顆），用保鮮膜或擰乾的溼布蓋起來預防麵團乾燥，靜置20分鐘。

8 用擀麵棍將麵團擀平後，用三折法整形。P32

9 將麵團接縫處朝下，擺入吐司烤模內，蓋上保鮮膜或擰乾的溼布預防麵團乾燥，進行第二次發酵。等麵團膨脹到高過吐司烤模1公分左右時，即發酵完成。

tip¨ 進行第二次發酵時，請務必將烤箱充分預熱至230°C。

10 在表面抹上一層薄薄的全蛋液後，放入預熱至230°C的烤箱，將溫度調低至200°C後烘烤22-23分鐘，取出後脫模。

tip¨ 全蛋液比例為「全蛋液10：水1」，混合均勻即可。

12

花瓣酥皮吐司

酥皮吐司的表面紋路層層延展開來，看起來非常時髦。
很多人以為這種花紋需要高超的技巧，
其實稍微花點心思，就算在家裡也不難做出來。
試著按部就班做做看，成功後一定能感受到滿滿的成就！

份量
3個多功能烤模
或1個正方形吐司烤模

材料
高筋麵粉240g
低筋麵粉120g
速發乾酵母7g、鹽7g
砂糖45g、脫脂奶粉15g
全蛋20g、水175g
無鹽奶油30g
奶油片（裹油用）190g

攪拌時間
依實際情況調整，約為
（麵團勾）低速10分鐘 /
中速1-2分鐘

麵團溫度
24°C

水溫
（以使用攪拌機為例）
攪拌時間短不會造成摩擦升溫，請將水溫調高至15-20°C。

烤箱
第二次發酵時
預熱至220°C

How To Bake

1 將奶油片之外的所有材料放進盆內，用麵團勾以低速攪拌10分鐘。

2 接著轉中速攪拌1-2分鐘。

3 稍微將麵團滾圓後，蓋上保鮮膜預防乾燥，放進冰箱靜置6-12小時。

4 用擀麵棍將麵團擀成方便包裹奶油片的長方形（寬約17cm）。

5 將麵團用塑膠袋或保鮮膜包起來預防乾燥，冷凍15-20分鐘。

6 將奶油片裝入塑膠袋中。

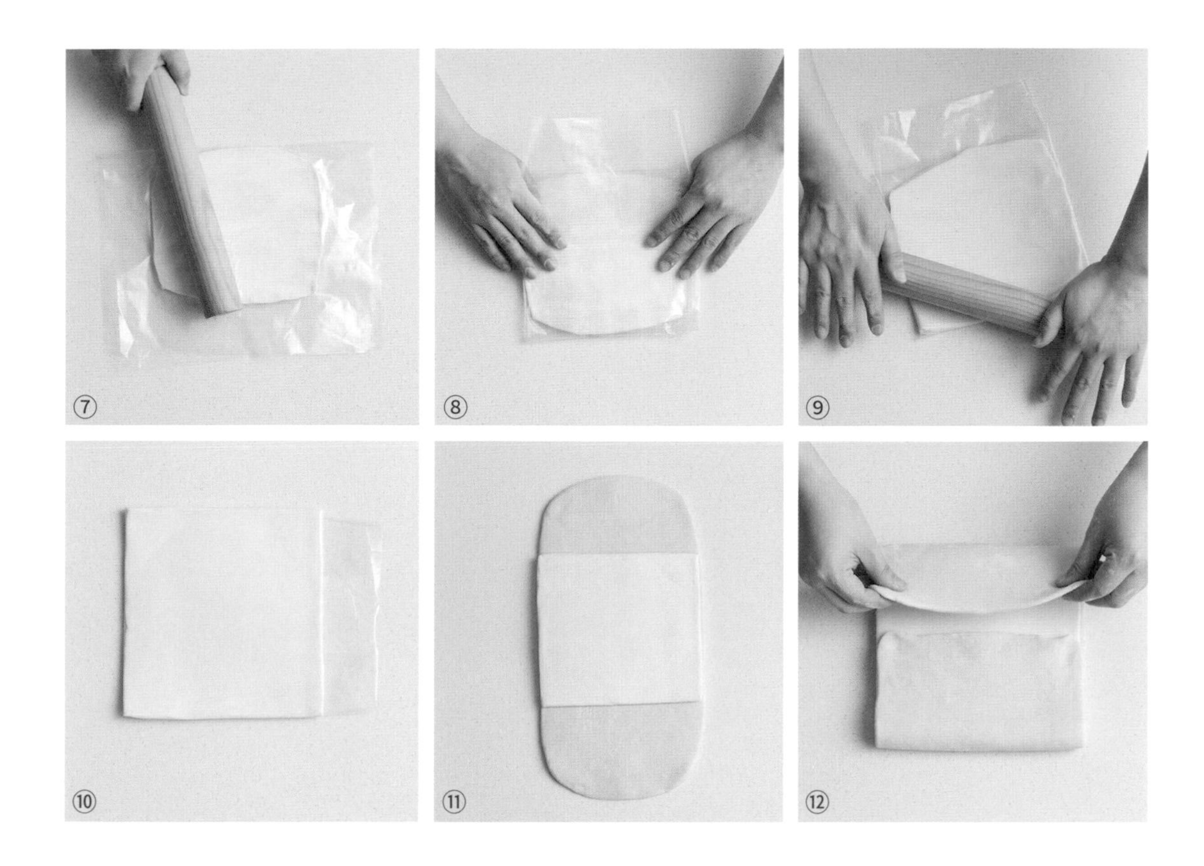

7 用擀麵棍將奶油片擀平。

8 將裝奶油片的塑膠袋調整成17×17cm。

9 用擀麵棍將奶油片擀壓成符合塑膠袋大小的17×17cm。

10 暫時放進冰箱冷藏降溫，避免奶油片軟化。

11 從冷凍庫取出麵團後，從冰箱取出奶油片，放到麵團上。
tip¨ 奶油片的溫度盡量維持10°C左右。

12 將麵團從上下往內折起，完全包覆住奶油片。
tip¨ 此時可以用手將中間的接縫捏合，避免奶油漏出來。

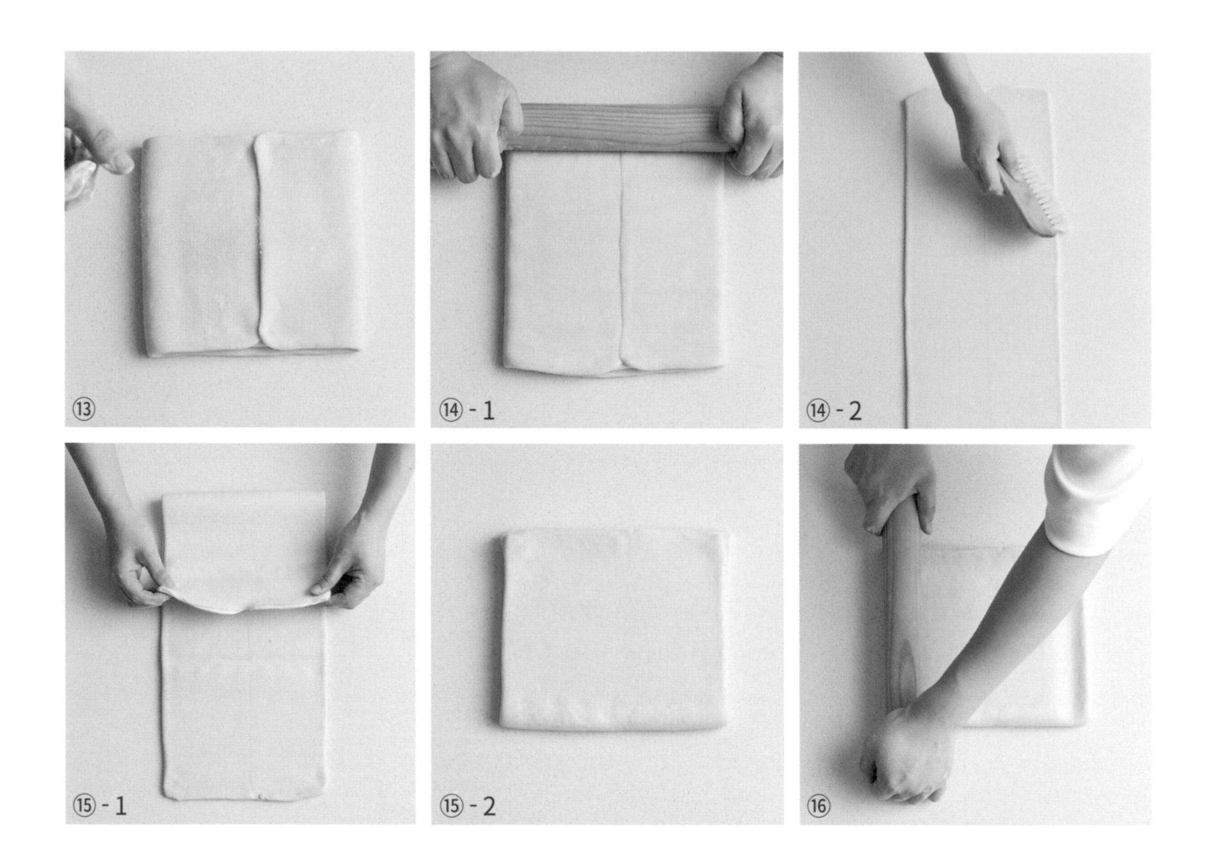

How To Bake

13 將麵團轉九十度後撒上少許麵粉當手粉（材料份量外）。

14 用擀麵棍將麵團擀成20×55cm的長方形後，輕刷掉多餘粉末。

15 再次將麵團從上下往中間折成三折。

16 麵團邊緣用擀麵棍壓實，把接縫密封起來。

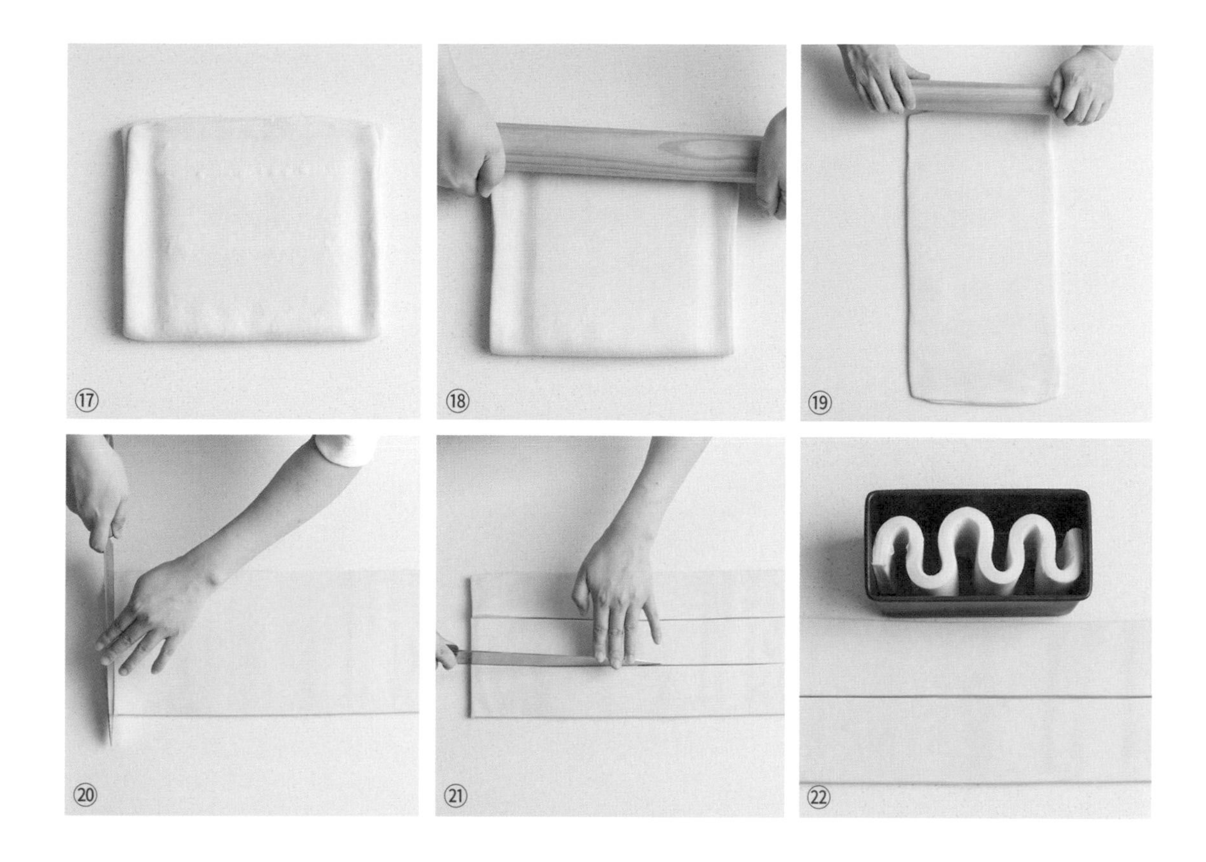

17 用保鮮膜將麵團包起來，放進冰箱靜置40分鐘。

tip¨ 製作裹油類麵包時，必須注意環境溫度不能過高，過程中也要時不時讓麵團回冰箱降溫，以免中間的奶油融化。

18 從冰箱取出後，將麵團擀成長方形之後折三折，用保鮮膜包起來，再放回冷藏靜置30分鐘，接著重複一次此步驟。

整形成波紋

19 從冰箱裡取出靜置後的麵團，擀成22-23cm×45-48cm的大小。

20 切除不平整的邊緣後，切成20-21×44-45cm的大小。

21 將長方形的麵團切成三等份。

22 將一片麵團放入吐司烤模，彎成波浪的形狀。

tip¨ 此時請將烤箱預熱至220°C。

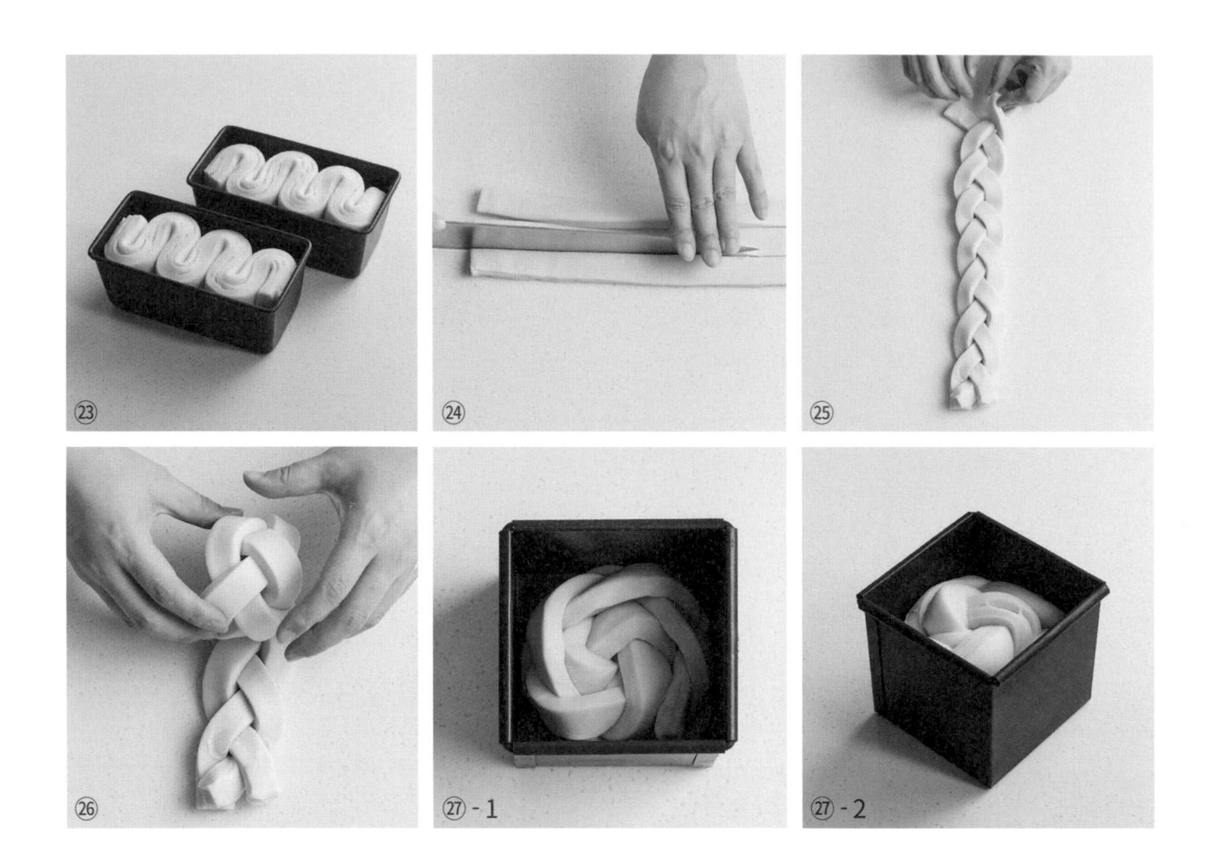

How To Bake

23 蓋上保鮮膜或擰乾的溼布預防麵團乾燥，進行第二次發酵，直到麵團膨脹至吐司烤模九分滿的高度。將預熱至220°C的烤箱調低至200°C後烘烤10分鐘，再調降至170°C，烘烤8-10分鐘，取出後脫模。

整形成正方體

24 如果要整形成正方體，在步驟18完成之後，從冰箱取出靜置後的麵團，擀成22-23×45-48cm的大小，切除不平整的邊緣後，切成20-21×44-45cm的大小，接著，保留頂端不切斷，劃開兩刀成三等分。

25 把麵團依照三股辮的方式編成一串。

26 將編好的麵團從下往上捲成一團。

27 將麵團放入邊長9.5cm的正方形烤模中，蓋上保鮮膜或擰乾的溼布預防麵團乾燥，進行第二次發酵，直到麵團膨脹至吐司烤模九分滿的高度。將預熱至220°C的烤箱調低至200°C後烘烤10分鐘，再調降至170°C，烘烤8-10分鐘，取出後脫模。

13

軟綿湯種吐司（湯種法的運用）

「湯種法」又稱為「燙麵法」，
是指將沸水和麵粉混合成麵團，
或是預先取一部分麵粉加水煮滾，
放進冰箱熟成後，再加入主麵團的做法。
使用湯種法製成的麵包，因為經過事前糊化，
質地更加濕潤，口感也更有黏性，
不僅如此，還能延緩麵包老化的速度。

份量
2個無蓋吐司烤模（12兩）

材料
高筋麵粉500g、鹽8g
速發乾酵母8g、砂糖40g
脫脂奶粉15g、全蛋45g
水160g、牛奶115g
湯種麵團（P126）100g
無鹽奶油55g
刷液：全蛋液或牛奶 適量

攪拌時間
依實際情況調整，約為
（麵團勾）低速3-5分鐘 /
中速5-8分鐘

麵團溫度
28°C

水溫
（以使用攪拌機為例）
夏天0-5°C
春、秋天5-10°C
冬天10-15°C

烤箱
第二次發酵時
預熱至170°C

How To Bake

1 將無鹽奶油、湯種麵團和刷液外的所有材料加入盆中，用麵團勾以低速攪拌3-5分鐘。

2 材料全部拌勻後，分2-3次放入湯種麵團，並以低速攪拌。

3 等湯種麵團充分拌入主麵團後，轉中速攪拌1-2分鐘。

4 加入無鹽奶油，轉低速攪拌1-2分鐘。

5 調成中速後攪拌5-8分鐘，直到麵團表面變得光滑。

6 取一小塊麵團出來，若可拉出透光、光滑薄膜，表示麵筋已順利成形。P28

7 麵團滾圓至表面光滑後，蓋上保鮮膜或擰乾的溼布預防麵團乾燥，靜置70-90分鐘，進行第一次發酵，等麵團膨脹至原本的2.5倍。

tip¨ 請根據天氣和溫度調整發酵時間。

tip¨ 請參考「確認發酵狀態」的章節。發酵時間需要根據室溫環境或麵團溫度調整。P30

8 將麵團分割後分別滾圓，蓋上保鮮膜或擰乾的溼布預防麵團乾燥，並靜置20分鐘。

tip¨ 分割的大小依照吐司形狀調整，做成三峰吐司時，每個麵團重160g（共6顆）。做成四峰吐司時，則分割成120g的重量（共8顆）。

9 將麵團排氣後，用擀麵棍將麵團擀平，用三折法整形。P32

tip¨ 在P122照片中示範的四峰吐司，需在滾圓後整形成橢圓形。

10 將麵團的接縫處朝下，擺入吐司烤模內，蓋上保鮮膜或擰乾的溼布預防麵團乾燥，進行第二次發酵。等麵團膨脹到大約超過吐司烤模1公分左右時，在表面抹上一層薄薄的蛋液或牛奶，放入預熱至170°C的烤箱中，以170°C烘烤27-28分鐘，取出後脫模。

湯種麵團的製作方法

「湯種法」又名「燙麵法」，湯種麵團是由沸水和麵粉混合，或是將水和麵粉放入鍋中煮沸成「糊狀」，再冰進冰箱熟成。把湯種麵團加入主麵團中製成的麵包，因為麵粉經過糊化保水性佳，組織的質地濕潤柔軟，口感也更有黏性，是亞洲麵包很常運用的做法。

麵粉和水一起煮沸，用鍋子製作

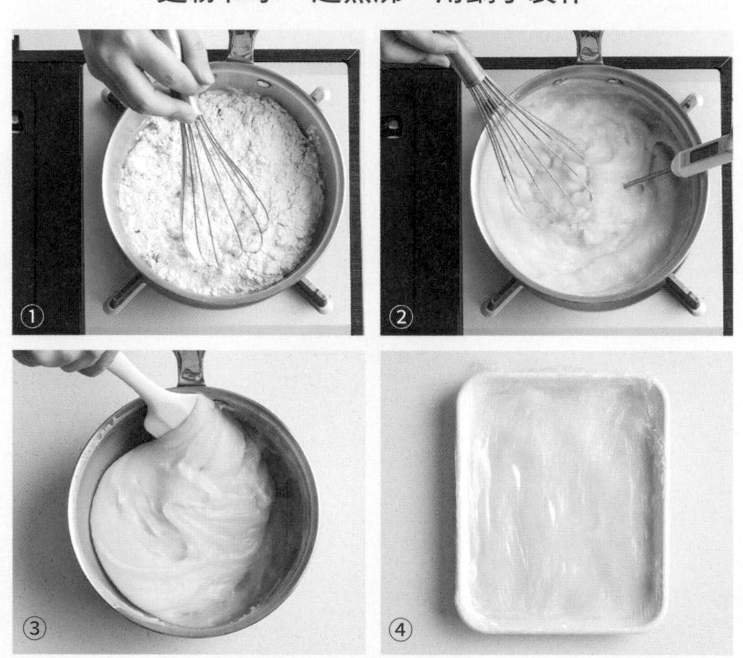

Ingredients

高筋麵粉100g
水400g
鹽2g

How To Make

1 將水、鹽和高筋麵粉放入鍋子，用打蛋器充分拌勻。

2 開小火，一邊加熱一邊用打蛋器攪拌，以免麵糊沾黏鍋底，持續加熱至65-70°C。

3 當溫度上升至65-70°C時，先用打蛋器充分攪拌，靜置1-2分鐘後關火，接著用刮刀一邊攪拌一邊讓湯種降溫。

4 倒入平底鍋或托盤內鋪平，待冷卻後用保鮮膜服貼於表面密封起來，放冰箱冷藏靜置一天，使麵團熟成後再使用。

將沸水加入麵粉中，使用攪拌機製作

Ingredients

高筋麵粉100g
水200g
鹽2g

How To Make

1 把水和鹽放入鍋中煮滾。

2 將高筋麵粉放入微波爐內加熱20-30秒。

3 將微波加熱過的高筋麵粉放入盆中，用平攪拌槳以低速攪拌，同時倒入煮沸的1。

4 倒入1後，立刻轉高速攪拌1分鐘，使麵團糊化。

5 接著轉至中低速，攪拌2-3分鐘即可。

6 將麵團倒入平底鍋或托盤內鋪平，待冷卻後用保鮮膜服貼於表面密封起來，放冰箱冷藏靜置1-3天，使麵團熟成後再使用。

14

韭菜培根湯種吐司

湯種麵團不只可以製作牛奶吐司，
做成鹹口味的韭菜培根也很對味。
比起常見的培根青蔥，我更喜歡韭菜的濃郁感，
在口腔裡非常和諧，忍不住一口接一口，
是一款很適合在早餐享用的活力麵包。

份量
5個多功能烤模

材料
高筋麵粉500g、鹽8g
速發乾酵母8g、砂糖40g
脫脂奶粉15g、全蛋45g
水160g、牛奶115g
湯種麵團（P126）100g
無鹽奶油55g、洋蔥50g
韭菜60g、培根100g
刷液：全蛋液或牛奶 適量

攪拌時間
依實際情況調整，約為
（麵團勾）低速3-5分鐘 /
中速5-8分鐘

麵團溫度
28°C

水溫
（以使用攪拌機為例）
夏天0-5°C
春、秋天5-10°C
冬天10-15°C

烤箱
第二次發酵時
預熱至170°C

How To Bake

1 將洋蔥切小丁，韭菜切小段備用。培根切成小片後，用平底鍋稍微煎香備好。

2 依照「軟綿湯種吐司」的步驟①-④完成麵團。 P124

3 接著加入洋蔥、韭菜、培根，用麵團勾以低速攪拌2分鐘。

tip¨ 此處的洋蔥、韭菜和培根是按照基本配方量準備，需依照實際製作的麵團量調整。

4 取一小塊麵團出來，若可拉出透光、光滑薄膜，表示麵筋已順利成形。 P28

5 麵團滾圓至表面光滑後，蓋上保鮮膜或擰乾的溼布預防乾燥，靜置70-90分鐘，進行第一次發酵，讓麵團膨脹至原本的2.5倍。

tip¨ 請參考「確認發酵狀態」的章節。發酵時間需要根據室溫環境或麵團溫度調整。 P30

6 將麵團分割成每團250g後分別滾圓（共5顆），蓋上保鮮膜或擰乾的溼布預防麵團乾燥，靜置20分鐘。

7 用擀麵棍將麵團擀平後，從上往下或從下往上捲起來。 P33

8 將麵團的接縫處朝下，擺入吐司烤模內，並蓋上保鮮膜或擰乾的溼布預防麵團乾燥，進行第二次發酵。發酵到麵團膨脹到高過吐司烤模即可。

9 表面抹上一層薄薄的全蛋液或牛奶後，放入預熱至170°C的烤箱，以170°C烘烤18-20分鐘，取出後脫模。

15

栗子酥頂湯種吐司

軟綿濕潤的湯種麵團加上栗子，
細緻溫和的香氣讓吐司的質感再升級！
我也很喜歡加了花生醬的糖粉奶油酥頂，
酥脆香甜，活用在其他口味的麵包上也很適合。

份量
4個多功能烤模

材料
糖粉奶油酥頂
無鹽奶油30g、花生醬10g
砂糖35g、糖漿5g、全蛋10g
中筋麵粉80g、烘焙泡打粉1g

麵團
高筋麵粉500g、鹽8g
速發乾酵母8g、砂糖40g
脫脂奶粉15g、全蛋45g
水160g、牛奶115g
湯種麵團(P126)100g
無鹽奶油55g
甘栗仁（內餡）160g
刷液：牛奶 適量

攪拌時間
依實際情況調整，約為
（麵團勾）低速3-5分鐘 /
中速5-8分鐘

麵團溫度
28°C

水溫（以使用攪拌機為例）
夏天0-5°C
春、秋天5-10°C
冬天10-15°C

烤箱
第二次發酵時
預熱至170°C

How To Bake

糖粉奶油酥頂

1 用打蛋器輕輕將無鹽奶油和花生醬打勻。

2 加入砂糖和糖漿後攪拌均勻。

3 將全蛋液分2-3次加入後攪拌均勻。

4 加入過篩後的中筋麵粉和烘焙泡打粉，用刮板較鈍的那一端，將材料切散攪拌。

5 用手輕輕搓一搓，將麵團弄散成鬆鬆的粉狀。

6 混合均勻後即完成。

麵團

7　按照「軟綿湯種吐司」製作方法的步驟①-⑧完成麵團。P124

8　將麵團分割成每團220g後分別滾圓（共4顆），蓋上保鮮膜或擰乾的溼布，靜置20分鐘。接著用擀麵棍擀平，均勻放上切大塊的甘栗仁。

9　由上往下或由下往上捲起來，做成擀捲造型。P33

10　接縫處朝下裝進吐司烤模後，表面抹上一層薄薄的牛奶。

11　再鋪上事先做好的糖粉奶油酥頂。

12　蓋上保鮮膜或擰乾的溼布避免麵團乾燥，進行第二次發酵，等麵團膨脹到超過吐司烤模約1公分後，放入預熱至170°C的烤箱內，以170°C烘烤18-20分鐘，取出後脫模。

16

墨黑乾酪湯種吐司

用墨魚汁將湯種吐司染成黑黝黝的顏色，
海鮮的香氣跟起司的鹹味很搭，
在視覺、嗅覺和味覺上都很協調。

份量
4個多功能烤模

材料
高筋麵粉500g、鹽8g
速發乾酵母8g、砂糖40g
脫脂奶粉15g、全蛋液45g
水160g、牛奶115g
湯種麵團（P126）100g
無鹽奶油55g、墨魚汁12g
高熔點乳酪丁200g
帕馬森乾酪50g
刷液：全蛋液或牛奶 適量

攪拌時間
依實際情況調整，約為
（麵團勾）低速3-5分鐘 /
中速6-8分鐘

麵團溫度
28°C

水溫（以使用攪拌機為例）
夏天0-5°C
春、秋天5-10°C
冬天10-15°C

烤箱
第二次發酵時
預熱至170°C

How To Bake

1 將無鹽奶油、湯種麵團、高熔點乳酪丁、帕馬森乾酪和刷液之外的所有材料放入盆中，用麵團勾以低速攪拌3-5分鐘。

2 將湯種麵團分2-3次加入後，以低速拌勻。

3 接著加入無鹽奶油，以低速攪拌1-2分鐘後，轉中速攪拌5-8分鐘，直到麵團表面變得光滑。

tip¨ 使用不同的攪拌機時，中速攪拌的時間需要視麵團狀況調整。

4 取一小塊麵團出來，若可拉出透光、光滑薄膜，表示麵筋已順利成形。P28

5 麵團滾圓至表面光滑後，蓋上保鮮膜或擰乾的溼布預防麵團乾燥，靜置70-90分鐘，進行第一次發酵，等麵團膨脹至原本的2.5倍。

tip¨ 請參考「確認發酵狀態」的章節。發酵時間根據室內溫度或麵團溫度會有所不同。P30

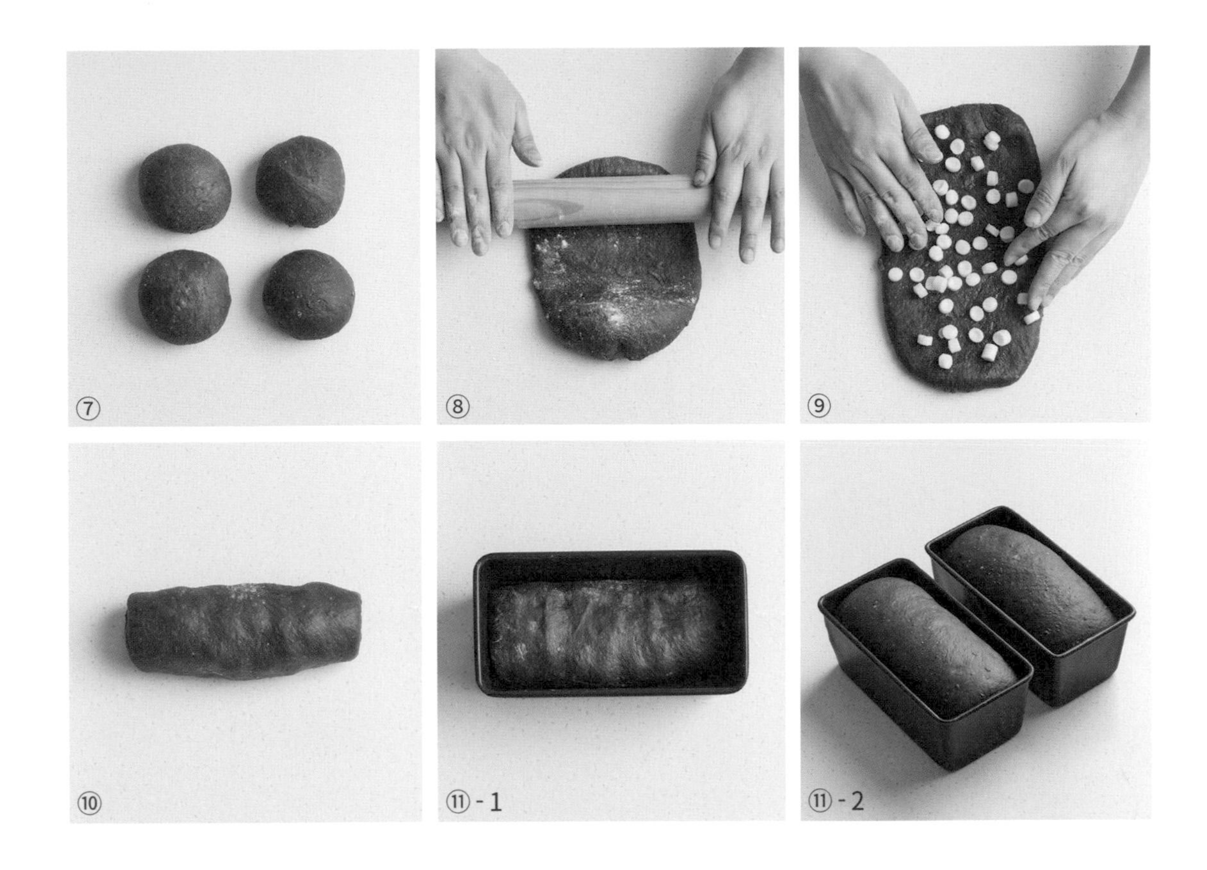

6 將麵團分割成每團230g後分別滾圓（共4顆），蓋上保鮮膜或擰乾的溼布預防麵團乾燥，靜置20分鐘。

7 用擀麵棍將麵團擀成長方形。

8 均勻鋪上高熔點乳酪丁。

tip¨ 使用高熔點的乳酪丁，乳酪才不會在烘焙時遇熱熔在麵團中。

9 將麵團由上往下或由下往上捲起來，整形成橢圓形。 P33

10 將麵團接縫處朝下裝進吐司烤模中，蓋上保鮮膜或擰乾的溼布預防麵團乾燥，進行第二次發酵，直到麵團膨脹至高出吐司烤模1公分左右。

How To Bake

11 在表面塗上一層薄薄的全蛋液或牛奶。

12 撒上刨碎的帕馬森乾酪後，放入預熱至170°C的烤箱內，以170°C烘烤18-20分鐘，取出後脫模。

17

濃厚巧克力湯種吐司

喜歡濃郁巧克力的人，一定要試試看這個配方，
軟綿的湯種在嘴裡和甜甜的巧克力一起化開來，
每吃一口都忍不住露出幸福的笑容。
湯種吐司即使在室溫保存幾天依然柔軟，
是款深受大人小孩喜愛的經典吐司。

份量
4個多功能烤模

材料
高筋麵粉450g、可可粉50g
鹽9g、速發乾酵母9g
砂糖85g、水230g、牛奶100g
湯種麵團（P126）100g
無鹽奶油70g、耐烤巧克力豆80g
刷液：牛奶 適量

攪拌時間
依實際情況調整，約為
（麵團勾）低速3-5分鐘／
中速5-8分鐘

麵團溫度
28°C

水溫
（以使用攪拌機為例）
夏天0-5°C
春、秋天5-10°C
冬天10-15°C

烤箱
第二次發酵時
預熱至170°C

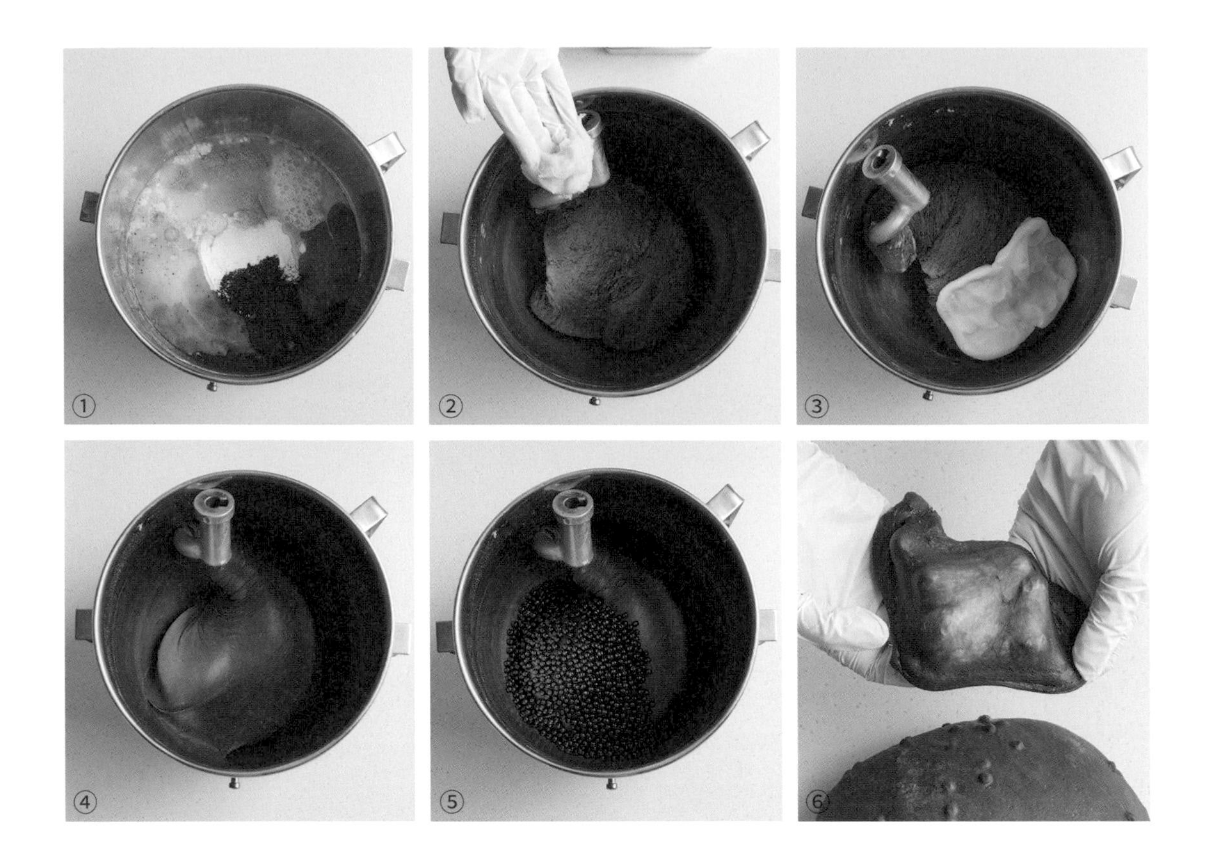

How To Bake

1 將無鹽奶油、湯種麵團、耐烤巧克力豆和刷液之外的所有材料加入盆中，用麵團勾以低速攪拌3-5分鐘。

2 將湯種麵團分2-3次加入後，以低速攪拌均勻，再轉中速攪拌1-2分鐘。

3 加入無鹽奶油後，先以低速攪拌1-2分鐘拌勻。

4 轉中速攪拌5-8分鐘，直到麵團表面變得光滑。

tip¨ 使用不同的攪拌機時，中速攪拌的時間需要視麵團狀況調整。

5 接著加入耐烤巧克力豆，以低速均勻攪拌1-2分鐘。

6 取一小塊麵團出來，若可拉出透光、光滑薄膜，表示麵筋已順利成形。P28

7 麵團滾圓至表面光滑後，蓋上保鮮膜或擰乾的溼布預防麵團乾燥，靜置60-80分鐘，進行第一次發酵，讓麵團膨脹至原本的2.5倍。

tip¨ 請參考「確認發酵狀態」的章節。發酵時間根據室內溫度或麵團溫度會有所不同。P30

8 將麵團分割成每團125g後分別滾圓（共8顆），用擰乾的溼布蓋起來預防麵團乾燥，並靜置20分鐘。

9 將麵團排氣後，再次滾圓，整形成圓形。P33

10 將麵團擺入吐司烤模內，並蓋上保鮮膜或擰乾的溼布預防麵團乾燥，進行第二次發酵，直到麵團膨脹至超過吐司烤模約1公分。

11 在表面薄薄刷上一層牛奶後，放入預熱至170°C的烤箱內，以170°C烘烤20分鐘，取出後脫模。

18

全麥吐司（低溫發酵法的運用）

加入全麥的吐司雖然香氣撲鼻，但吸水性較低，
一不小心可能整個散掉，或是吃起來很乾。
我在製作全麥吐司時會讓麵團在低溫下慢慢發酵，
幫麵包增添風味及濕潤度。

份量
5個正方形吐司烤模

材料
高筋麵粉350g
全麥麵粉150g
速發乾酵母5g、鹽10g
砂糖40g、脫脂奶粉30g
全蛋60g、水300g
無鹽奶油40g

攪拌時間
依實際情況調整，約為
（麵團勾）低速3-5分鐘 /
中速4-7分鐘

麵團溫度
27°C

水溫
（以使用攪拌機為例）
夏天0-5°C
春、秋天5-10°C
冬天10-15°C

烤箱
第二次發酵時
預熱至170-180°C

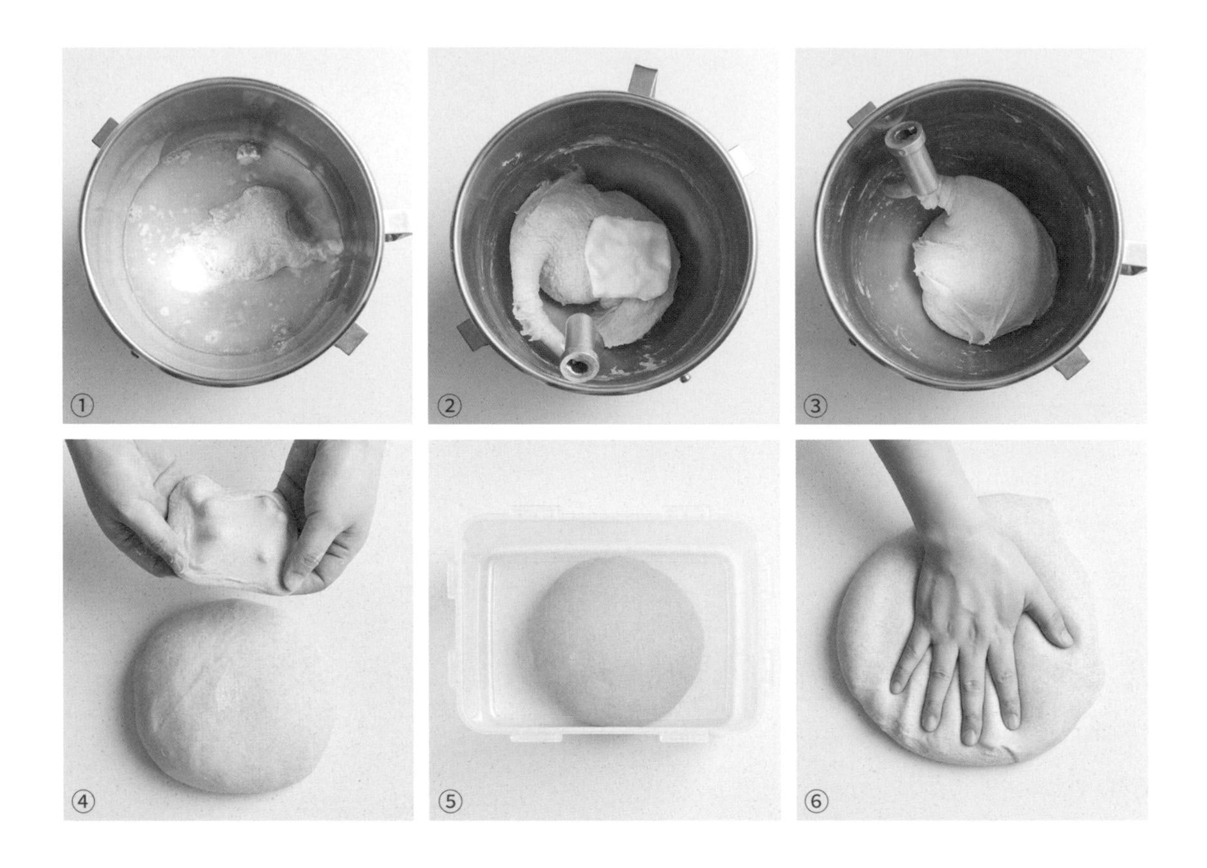

How To Bake

1 將無鹽奶油以外的所有材料加入盆中，用麵團勾以低速攪拌至混合均勻。

2 加入無鹽奶油，以低速攪拌至無鹽奶油混合進麵團中。

3 接著轉中速，攪拌至麵團表面變得光滑。

4 取一小塊麵團出來，若可拉出透光、光滑薄膜，表示麵筋已順利成形。P28

5 麵團滾圓至表面光滑後，鋪上保鮮膜或擰乾的溼布預防麵團乾燥，靜置40-50分鐘，進行第一次發酵。

tip¨ 請參考「確認發酵狀態」的章節。發酵時間需要根據室溫環境或麵團溫度調整。P30

6 將麵團拍一拍排氣後，再次滾圓。

7 接著將麵團放入冰箱靜置12小時，進行低溫發酵。低溫發酵結束後，取出麵團於室溫中靜置約1小時回溫，排除冷空氣。

8 將麵團分割成每團200g後分別滾圓（共5顆），用保鮮膜或擰乾的溼布蓋起來避免麵團乾燥，靜置20分鐘。

9 用擀麵棍將麵團擀平後，用三折法整形。P32

10 將麵團的接縫處朝下，擺入吐司烤模內，蓋上保鮮膜或擰乾的溼布預防麵團乾燥，進行第二次發酵，直到麵團膨脹至吐司烤模七分滿左右。

11 蓋上烤模的上蓋後，放進預熱至170-180°C的烤箱中，以170-180°C烘烤18-20分鐘，取出後脫模。

19

布里歐吐司

提到法國麵包時，大部分的人腦中浮現的，
都是長棍或是鄉村等著重麵粉味道的單純麵包。
但在這些口感扎實的麵包之外，
布里歐也是歷史悠久的法國傳統代表性麵包，
添加了大量奶油和雞蛋的口感，軟綿香醇濃郁。
布里歐的形狀大多是尖頂的「僧侶布里歐」或「布里歐吐司」，
接下來要教大家的就是吐司布里歐的做法。

份量
4個多功能烤模

材料
高筋麵粉360g、鹽7g
速發乾酵母5g、砂糖60g
麥芽精6g、全蛋180g
水14g、無鹽奶油170g
刷液：全蛋液 適量
裝飾材料：防潮糖粉或冰糖 適量

攪拌時間
依實際情況調整，約為（麵團勾）低速20分鐘／中速2-5分鐘

麵團溫度
24°C
（含水分的材料須維持冷藏溫度，夏天時粉類也要冷藏）

水溫
（以使用攪拌機為例）
夏天0-5°C
春、秋天5-10°C
冬天10-15°C

烤箱
第二次發酵時
預熱至170°C

How To Bake

1 無鹽奶油切小丁備用。

2 將無鹽奶油、裝飾材料和刷液之外的所有材料放進盆內，用麵團勾以低速攪拌約10分鐘。

3 分3次加入切小丁的無鹽奶油，以低速攪拌。

tip¨ 每一次加奶油時，需先混合均勻再加下一次的奶油。奶油必須維持在冷藏溫度。另外，混合所有奶油的時間不能超過10-15分鐘。

4 等無鹽奶油全都混合均勻後，再根據麵團的狀況，轉中速攪拌2-5分鐘。

5 取一小塊麵團出來，若可拉出透光、光滑薄膜，表示麵筋已順利成形。 P28

6 蓋上保鮮膜或擰乾的溼布，將麵團放在室溫靜置40-50分鐘發酵。

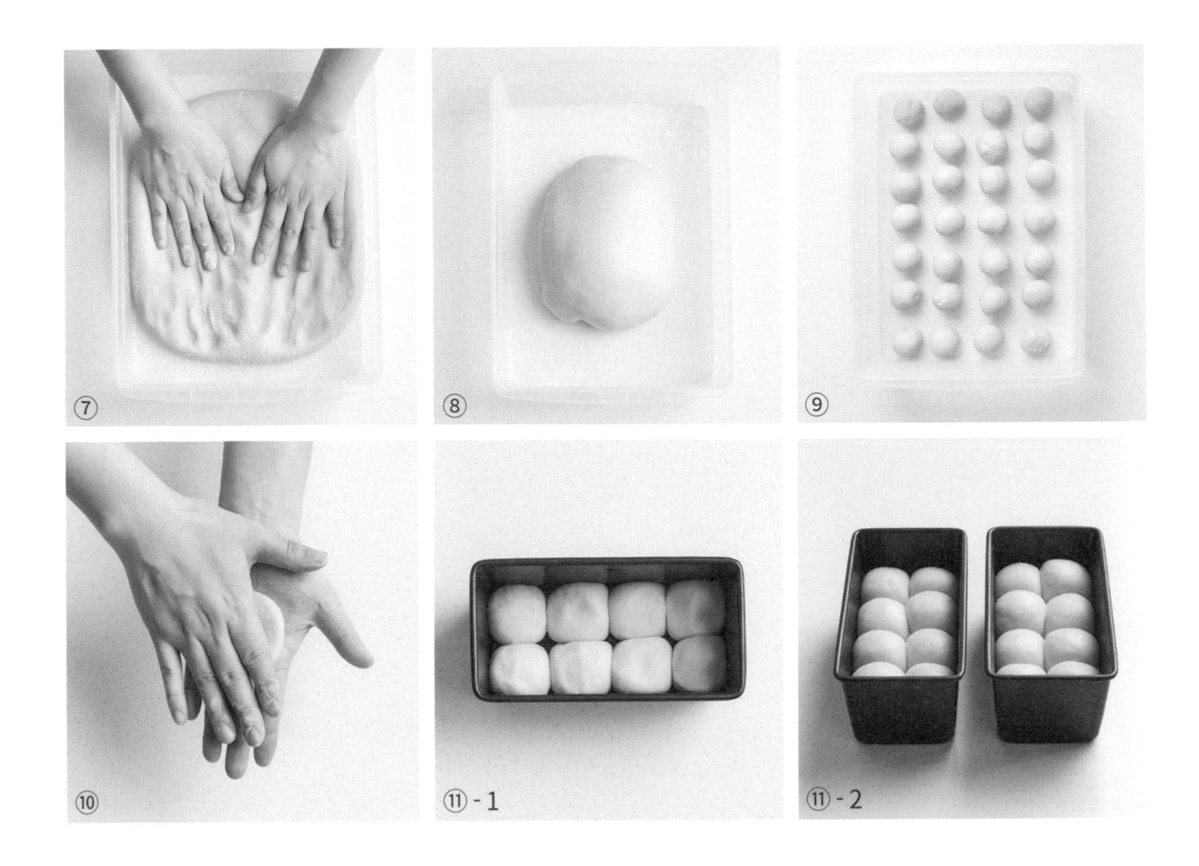

7 輕輕幫發酵後的麵團排氣。

8 接著將麵團滾圓後，放入冰箱靜置12小時，進行低溫發酵。

tip 請參考「確認發酵狀態」的章節。發酵時間需要根據室溫環境或麵團溫度調整。P30

9 將麵團分割成每團25g後滾圓（共32顆），蓋上保鮮膜或擰乾的溼布避免麵團乾燥，放入冰箱靜置20-30分鐘。

10 取出麵團拍一拍排氣後再次滾圓，整形成圓形。P33

11 將麵團擺入吐司烤模內，蓋上保鮮膜或擰乾的溼布預防麵團乾燥，進行第二次發酵。發酵到麵團膨脹至吐司烤模六、七分滿的高度。

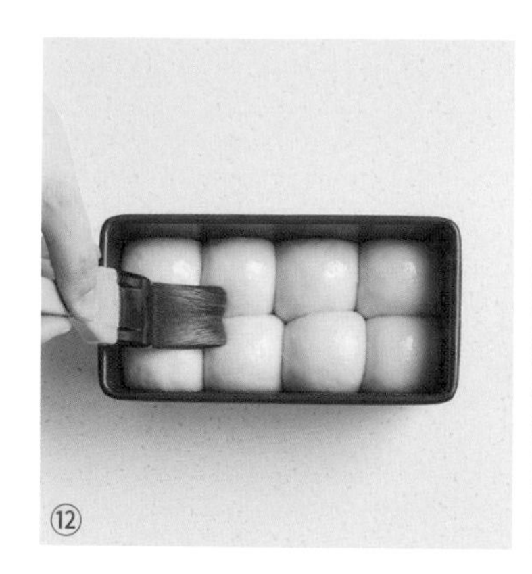
⑫

⑬

How To Bake

12 在吐司表面塗上一層薄薄的全蛋液。

13 撒上防潮糖粉或冰糖後，放入預熱至170°C的烤箱內，以170°C烘烤20分鐘，取出後脫模。

20

魯邦種吐司（天然酵母法的運用）

在這款吐司中可以學到運用天然酵母種發酵的方法。
加入大量魯邦種後的麵包組織Q彈，
帶有天然酵母特有的風味，是一款非常有魅力的吐司。
在製作麵包前，必須先理解魯邦種的做法和特性，
請參考P162的「魯邦種的製作方法」。

份量
4個多功能烤模

材料
高筋麵粉450g
魯邦種(P162) 180g、水210g
牛奶180g、砂糖20g
蜂蜜10g、鹽10g
無鹽奶油30g

攪拌時間
依實際情況調整，約為
（麵團勾）低速5-8分鐘/
中速4-6分鐘

麵團溫度
26°C

水溫
（以使用攪拌機為例）
夏天0-5°C
春、秋天5-10°C
冬天10-15°C

烤箱
第二次發酵時
預熱至220°C

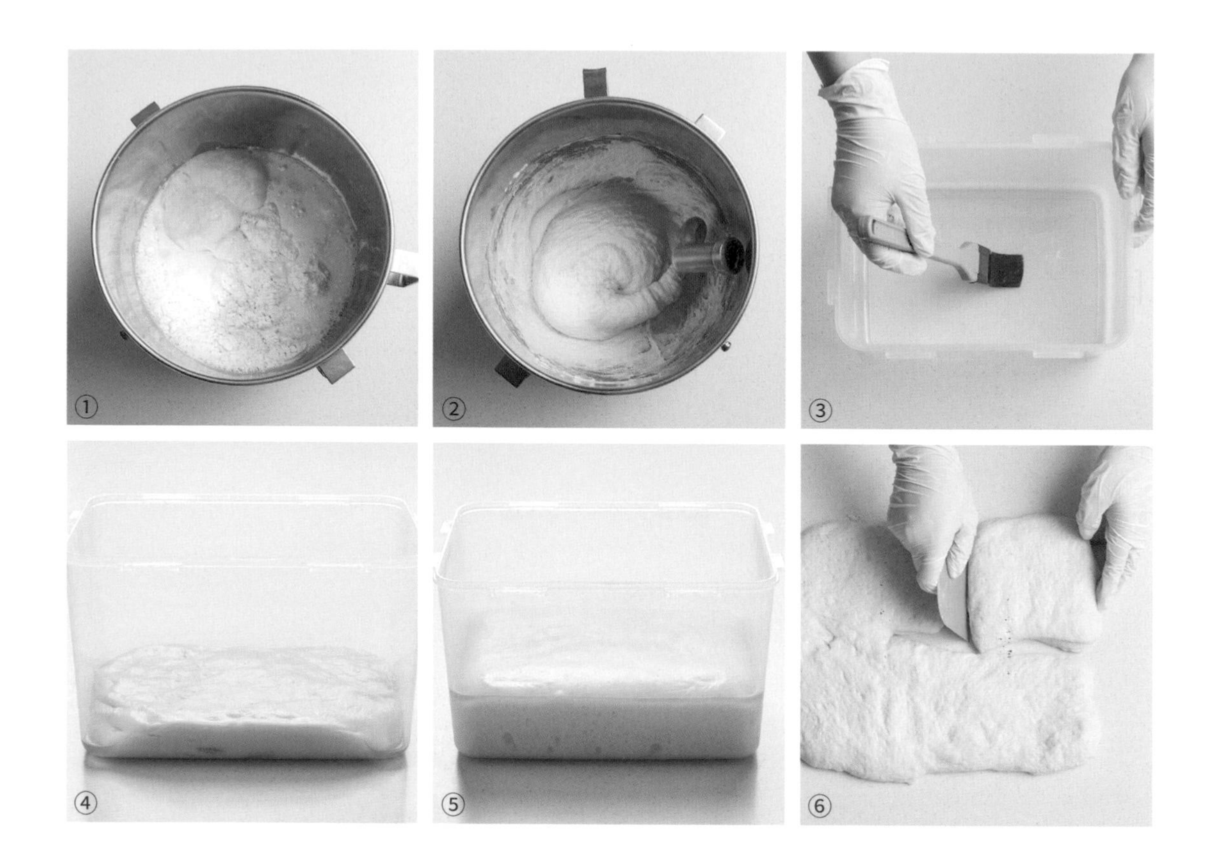

How To Bake

1. 將無鹽奶油和魯邦種之外的所有材料放進盆內，用麵團勾以低速攪拌3-5分鐘。
2. 先加入一半魯邦種，以低速攪拌2-3分鐘後，再加入另一半魯邦種，以低速攪拌均勻。接著加入無鹽奶油，先以低速拌勻後，轉中速攪拌4-6分鐘。
3. 取一個透明四方桶，內側抹橄欖油（材料份量外，也可用葡萄籽油或芥花油）。
4. 將麵團裝進桶內，並將表面壓平。

   tip¨ 表面壓平，才能夠確實確認高度的變化。
5. 在室溫中靜置3-5小時，進行第一次發酵。

   tip¨ 請參考「確認發酵狀態」的章節。發酵時間根據室內溫度或麵團溫度會有所不同。P30
6. 將麵團分割成每270g一團（共4顆）。

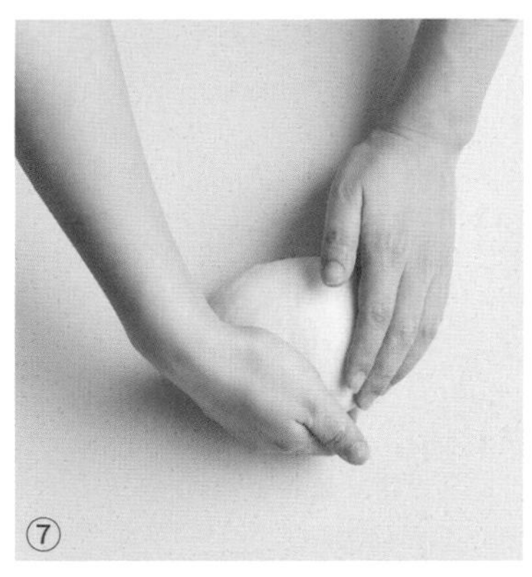
⑦

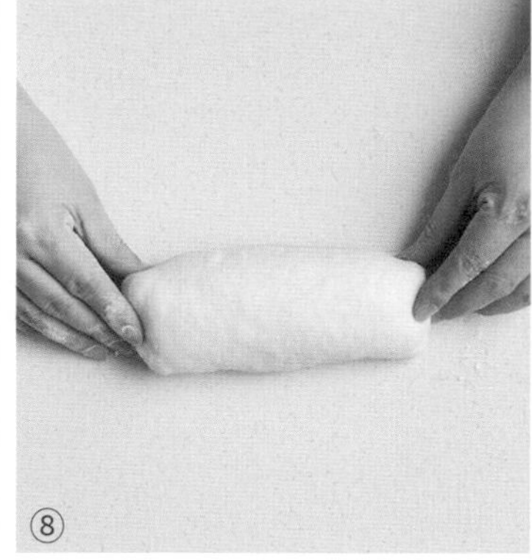
⑧

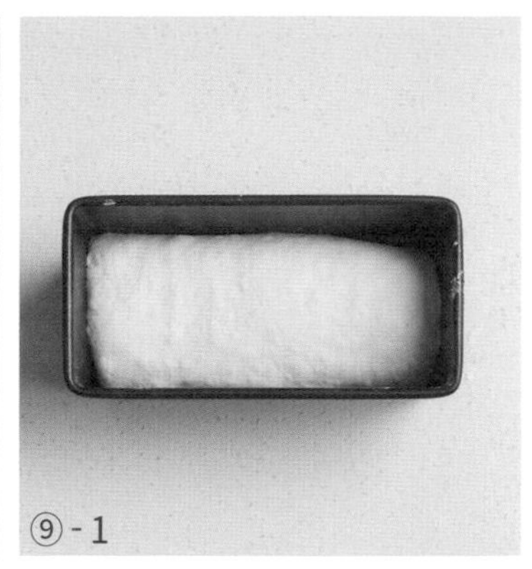
⑨-1

⑨-2

7 將分割後的麵團滾圓，並蓋上保鮮膜或擰乾的溼布以防麵團乾掉，然後靜置20-40分鐘。

8 將麵團整形成桿捲造型。 P33

9 將麵團接縫處朝下，裝入吐司烤模內後，鋪上保鮮膜或擰乾的溼布預防麵團乾燥，進行第二次發酵。等麵團膨脹至高於吐司烤模，即可放入預熱至220°C的烤箱中，將溫度調降至190°C，烘烤19-20分鐘，取出後脫模。

⚹ 魯邦種的製作方法

在麵包烘焙界很受喜愛的「天然發酵法」，指的是將存在於自然界的酵母菌和乳酸菌一起發酵製成「發酵種」的方法。單純用麵粉和水，或者用水果跟水都可以。一般來說，混合麵粉和水養出的天然酵母菌種，就是大家比較常聽見的「魯邦種」。魯邦種又分為水分比50-60%的「硬種（Levain dur）」，以及水分比100-120%的「液種（Levain liquide）」。我平常習慣用魯邦液種來製作麵包，因此也向大家介紹魯邦液種的製作方法。

How To Make

1 將裸麥麵粉與水以1：1的比例混勻後，裝入桶中密封24-48小時，讓酵種體積膨脹至兩倍大。

2 依照1：1：1 的比例混合「步驟**1**的酵種：高筋麵粉：水」，同樣靜置於室溫中12-24小時，讓酵種體積膨脹至兩倍大。

tip¨ 如果靜置後體積沒有產生變化，可添加約5g的蜂蜜。

3 依照1：1：1 的比例混合「步驟**2**的酵種：高筋麵粉：水」，同樣靜置於室溫中12-24小時，讓酵種體積膨脹至兩倍大。

4 重複上述步驟6-7次，不斷添加新的麵粉和水，若酵種皆能規律膨脹至兩倍大，表示已經順利養成「起始酵種」。

5 成功培養出起始酵種後即可製作麵包。剩餘的起始酵種放進冰箱冷藏，每天依照相同步驟餵養，就可以持續生成。

• 餵養魯邦種 •

完成起始酵種後，只要每天餵養，加入新的麵粉和水，就可以使麵種穩定生成。如果沒有很常做麵包，改成3-4天餵養一次即可。不過要記得在製作麵包前一週，必須重新每天餵養。餵養的比例如下：

起始酵種：水：麵粉＝ 1：1：1或1：2：2，又或是1：3：3。

可以根據狀況調整比例。餵養後等麵種膨脹至2-3倍，高度至頂時，再加進主麵團中，剩餘繼續在冰箱中冷藏、定期餵養。

21

核桃蔓越莓吐司（中種法的運用）

帶有濃郁香氣及酸甜滋味的核桃蔓越莓吐司，
利用事前製作的中種麵團製作，
不僅能夠大幅減緩麵包老化的速度，
還能長久維持麵包的濕潤感。

份量
4個哈密瓜吐司烤模

材料
中種（P169）
高筋麵粉250g
速發乾酵母6g、牛奶200g

麵團
高筋麵粉250g
中種*全部（P169）
砂糖80g、鹽10g
全蛋80g、牛奶125g
無鹽奶油60g、蔓越莓100g
碎核桃80g
刷液：全蛋液 適量

攪拌時間
依實際情況調整，約為
（麵團勾）低速3-5分鐘 /
中速4-7分鐘

麵團溫度
27°C

水溫
（以使用攪拌機為例）
夏天0-5°C
春、秋天5-10°C
冬天10-15°C

烤箱
第二次發酵時
預熱至180°C

How To Bake

1 將核桃用平底鍋乾炒或放入預熱至160°C的烤箱中烘烤5分鐘。將蔓越莓稍微泡過熱水後，撈出瀝乾、去除水氣。

2 將無鹽奶油、核桃、蔓越莓和刷液之外的所有材料加入盆中，用麵團勾以低速攪拌3-5分鐘。

3 加入無鹽奶油後，以低速攪拌均勻，接著轉中速4-7分鐘攪拌至麵團表面光滑。

4 加入核桃和蔓越莓，以低速攪拌2分鐘至均勻混合。

5 取一小塊麵團出來，若可拉出透光、光滑薄膜，表示麵筋已順利成形。P28

6 麵團滾圓至表面光滑後，鋪上保鮮膜或擰乾的溼布預防麵團乾燥，在室溫下靜置60-90分鐘，進行第一次發酵，直到麵團膨脹至2-2.5倍。

tip¨ 請參考「確認發酵狀態」的章節。發酵時間根據室內溫度或麵團溫度會有所不同。P30

⑦

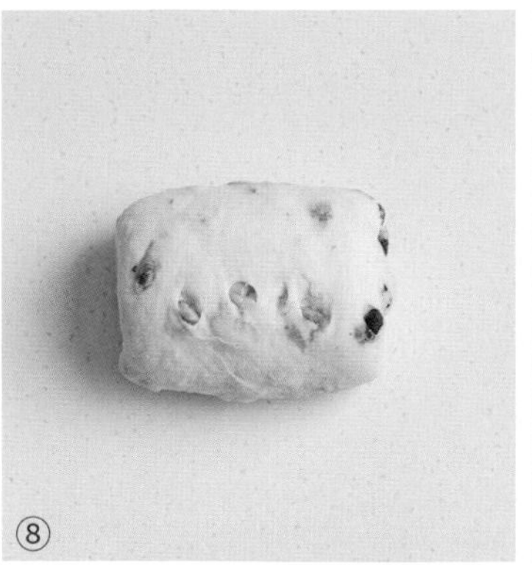
⑧

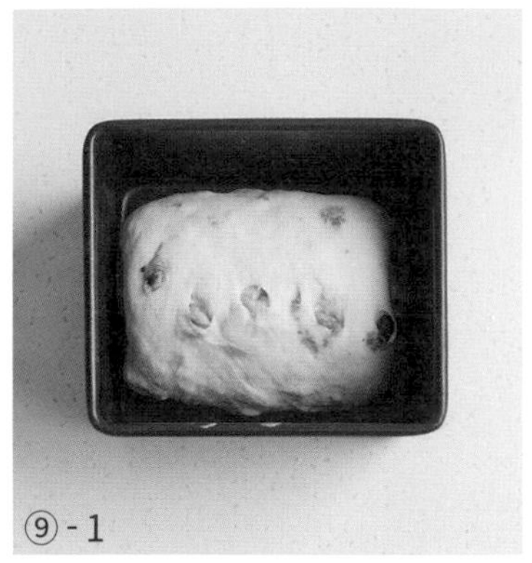
⑨-1

⑨-2

⑩

7 將麵團分割成每團310g後分別滾圓（共4顆），鋪上保鮮膜或擰乾的溼布預防麵團乾燥，靜置20分鐘。

8 用擀麵棍將麵團擀平後，用三折法整形。P32

9 將麵團的接縫處朝下，擺入吐司烤模內，並蓋上保鮮膜或擰乾的溼布預防麵團乾燥，進行第二次發酵，直到麵團膨脹至和吐司烤模等高。

10 在表面薄薄塗上一層全蛋液後，放入預熱至180°C的烤箱內，以170-180°C烘烤22-23分鐘，取出後脫模。

⚹ 中種的製作方法

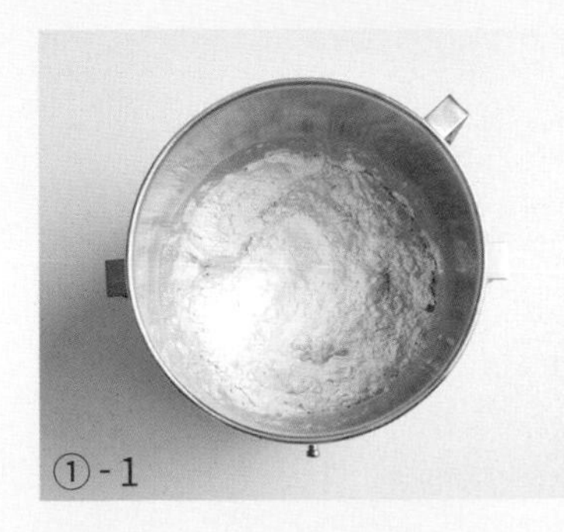
①-1

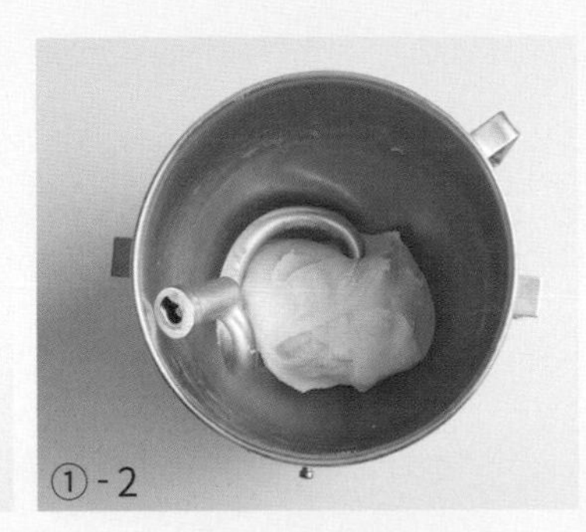
①-2

②

Ingredients

高筋麵粉250g
速發乾酵母6g
牛奶200g

How To Make

1 將高筋麵粉、速發乾酵母和牛奶放入盆中，用麵團勾以低速攪拌3-5分鐘，再轉中速攪拌2-3分鐘。

2 麵團滾圓後，為避免麵團乾燥，請靜置於可加蓋的容器內60分鐘，等麵團發酵成兩倍大。

tip¨ 即使表面還有些粗糙或黏性，還是不要攪拌太久，取出後撒上手粉，立刻滾圓。

22

蓬鬆米吐司

這裡是我嘗試用烘焙米穀粉製作的吐司，
要注意成分中含有小麥蛋白，並不適合麩質過敏的人。
一般純米粉不含麵筋，做不出蓬鬆的口感，
但只要添加替代成分（小麥蛋白粉）就可以順利膨脹。
最近市面上也有很多以洋車前子粉取代麵筋的米麵包食譜，
對麩質過敏，或不喜歡麵粉的人來說很值得一試。

份量
4個多功能烤模

材料
烘焙米穀粉500g
速發乾酵母8g、鹽10g
砂糖40g、水120g、牛奶230g
無鹽奶油48g

攪拌時間
依實際情況調整，約為
（麵團勾）低速3-5分鐘 /
中速4-7分鐘

麵團溫度
27-28°C

水溫
（以使用攪拌機為例）
夏天0-5°C
春、秋天5-10°C
冬天10-15°C

烤箱
第二次發酵時
預熱至170-180°C

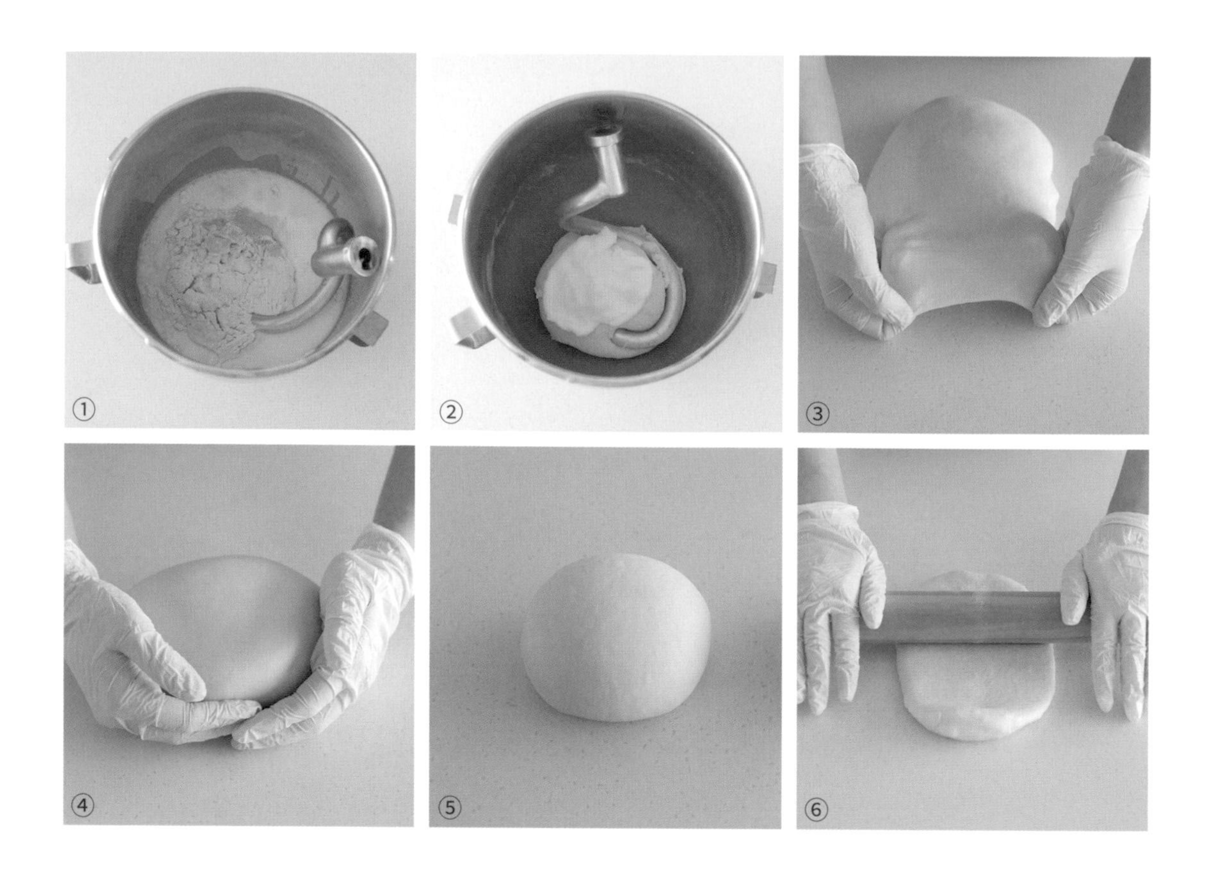

How To Bake

1 將無鹽奶油之外的所有材料放進盆內，用麵團勾以低速攪拌3-5分鐘。

2 加入無鹽奶油後，先以低速攪拌1-2分鐘，再轉中速攪拌4-7分鐘，直到麵團表面變得光滑。

3 取一小塊麵團出來，若可拉出透光、光滑薄膜，表示麵筋已順利成形。P28

4 將麵團滾圓後，蓋上保鮮膜或擰乾的溼布，靜置20-30分鐘，進行第一次發酵。
tip¨ 使用米穀粉時，第一次發酵的時間只要20-30分鐘即可。

5 將麵團分割成每團120g後滾圓（共8顆），並蓋上保鮮膜或擰乾的溼布預防麵團乾燥，靜置15分鐘。

6 將麵團排氣後再次滾圓，整形成圓形。
tip¨ 如果想要烤成單峰吐司，將麵團分割成每團240g，再整形成橢圓形。P32-33

⑦

⑧

7 將麵團擺入吐司烤模內，蓋上保鮮膜或擰乾的溼布預防麵團乾燥，進行第二次發酵。

8 等麵團膨脹至高於吐司烤模約0.1-1公分時，放入預熱至170-180°C的烤箱中，以170-180°C烘烤18-20分鐘，取出後脫模。

23

手揉吐司

手揉麵團比用機器更難形成結構穩固的麵筋，
不過只要多練習幾次，就能夠掌握形成麵筋的要領。
如果麵團的量過少，很難用機器攪拌，
又或是在沒有攪拌機和麵包機的狀況下需要手揉時，
可以依照下面的方法練習，一樣可以做出好吃的麵包，
而且出爐後的感動更讓人覺得深刻。

份量
2個多功能烤模

材料
高筋麵粉250g
速發乾酵母4g、鹽5g
砂糖20g、脫脂奶粉10g
水165g
無鹽奶油（室溫軟化）30g

水溫
夏天22-24°C
冬天24-26°C

烤箱
手揉產生的摩擦熱低於使用攪拌機產生的熱度，因此需用較高的溫度烘焙。

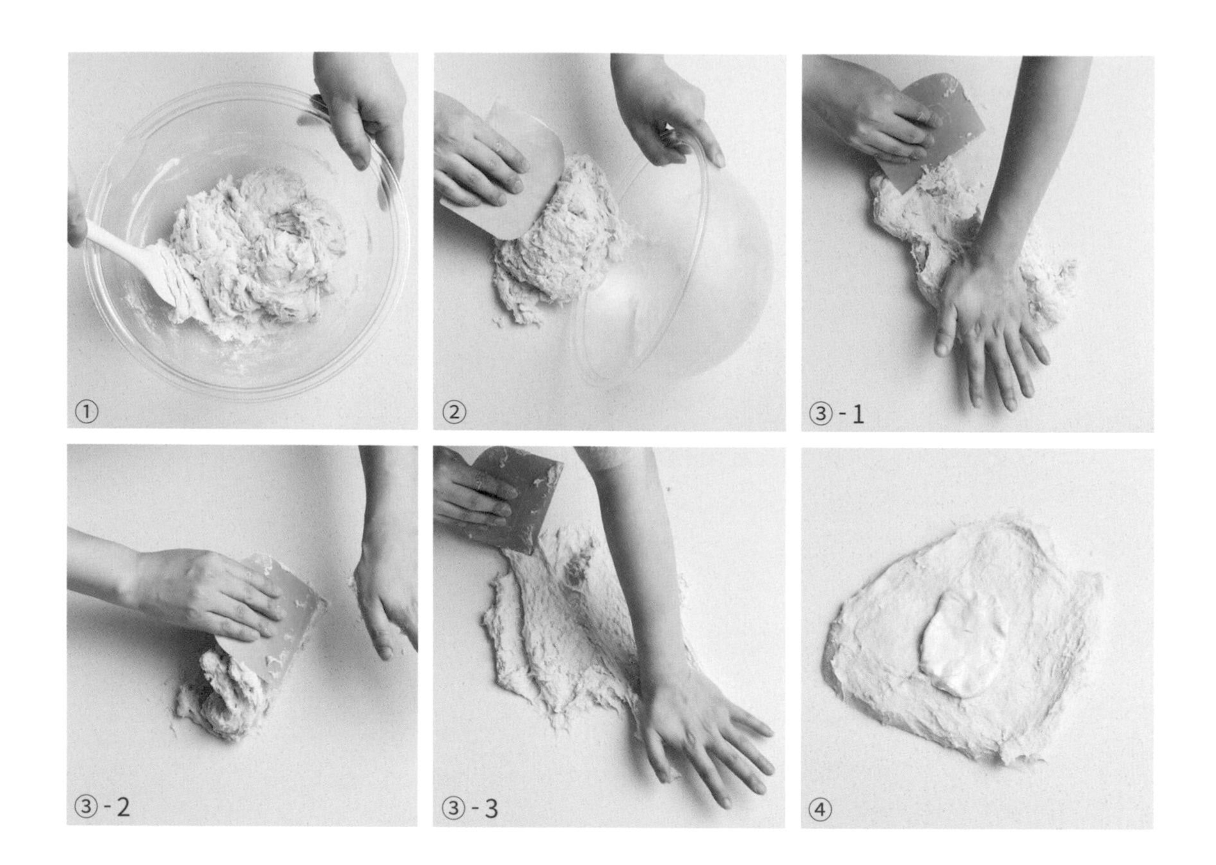

How To Bake

1 將無鹽奶油之外的所有材料放進盆內，以刮刀均勻攪拌。

2 大致混合均勻後，用刮板將麵團從盆上刮下來，放在乾淨的工作台上。
tip¨ 還有粉末顆粒也沒關係，黏在刮刀上的麵團也要用刮板刮乾淨。

3 用手掌按壓麵團後往前推出再收回，重複約3分鐘，直到將材料充分混合。
tip¨ 請反覆進行將麵團推出、收攏的過程。

4 用麵團將室溫軟化的無鹽奶油包起來，用手搓揉，使無鹽奶油充分混入麵團中。

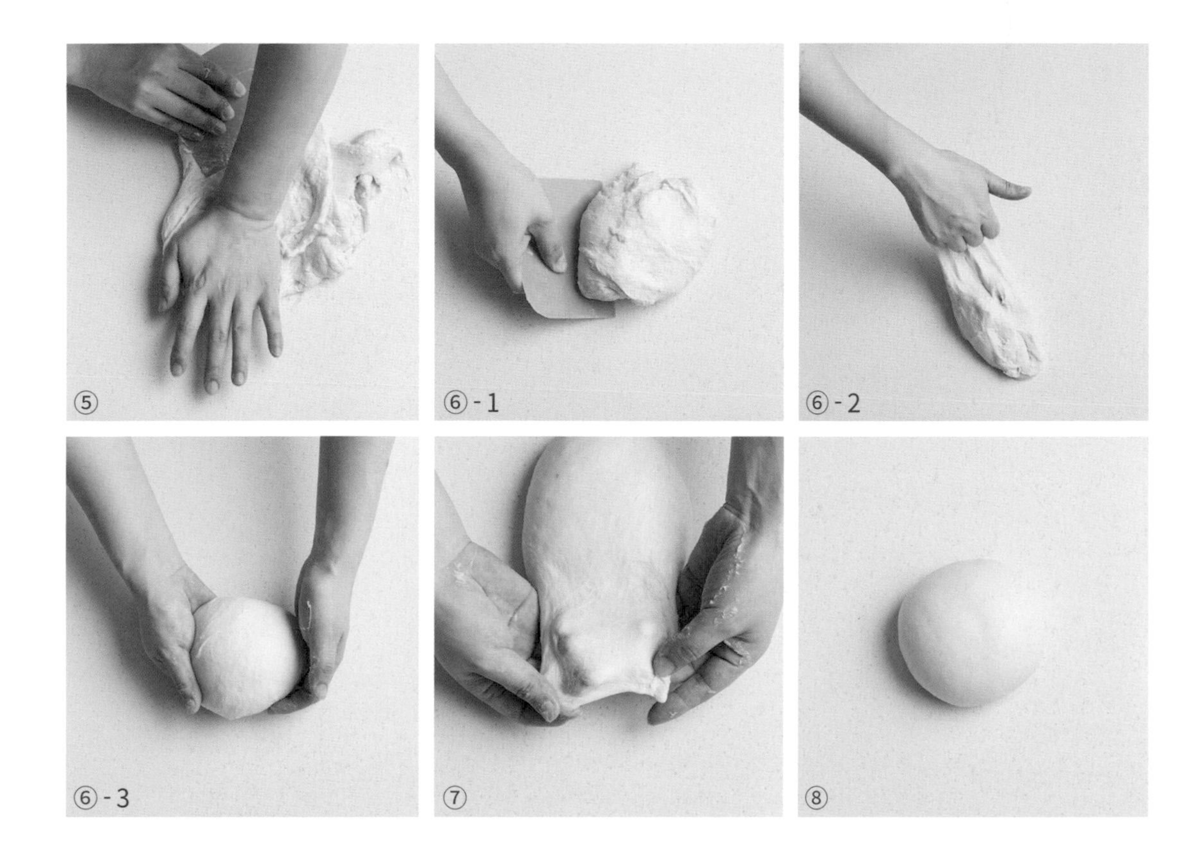

5 再次用手按壓推出，並用力壓揉麵團約10分鐘，以促進麵筋形成。

6 等麵團不再沾黏刮板時，輕輕抓住麵團往桌面甩打幾次，增加麵筋的韌度，接著再將麵團滾圓至表面光滑。

7 取一小塊麵團出來，若可拉出透光、光滑薄膜，表示麵筋已順利成形。 P28

8 將麵團滾圓至表面光滑後，鋪上保鮮膜或擰乾的溼布預防麵團乾燥，靜置60-80分鐘，進行第一次發酵。

tip¨ 請參考「確認發酵狀態」的章節。發酵時間根據室內溫度或麵團溫度會有所不同。 P30

⑨

⑩

⑪-1

⑪-2

How To Bake

9 將麵團分割成六等分後分別滾圓，鋪上保鮮膜或擰乾的溼布預防乾燥，靜置15-20分鐘。

10 用擀麵棍將麵團擀平後，用三折法整形。P32

11 將麵團的接縫處朝下，擺入吐司烤模內，並蓋上保鮮膜或擰乾的溼布預防麵團乾燥，靜置50-70分鐘，進行第二次發酵，等麵團膨脹至高於吐司烤模約1公分時，放入預熱至170°C的烤箱內，以170°C烘烤25-30分鐘，取出後脫模。

24

麵包機吐司

雖然本書中大多是使用攪拌機來揉麵，
但對於平常很少做麵包的人，買攪拌機的負擔實在很大。
如果是這樣，也可以先從便宜許多且體積較小的製麵包機入手，
大約台幣3、4千元就買得到，也不占空間，
需要時隨時取出即可，攪拌少量麵團也很方便。
不過，製麵包機的麵團勾很小，轉動速度很快，
麵團溫度可能會因為馬達的熱度快速上升，
天氣炎熱時，請別忘記用冷水製作。

份量
一台製麵包機

材料
高筋麵粉250g
速發乾酵母4g、鹽5g
砂糖20g、脫脂奶粉10g
水165g、無鹽奶油25g

水溫
（以使用製麵包機為例）
夏天0-5°C
冬天10-15°C

麵團溫度
使用製麵包機時，麵團溫度比用攪拌機上升得更快，所以要用溫度較低的水來製作。

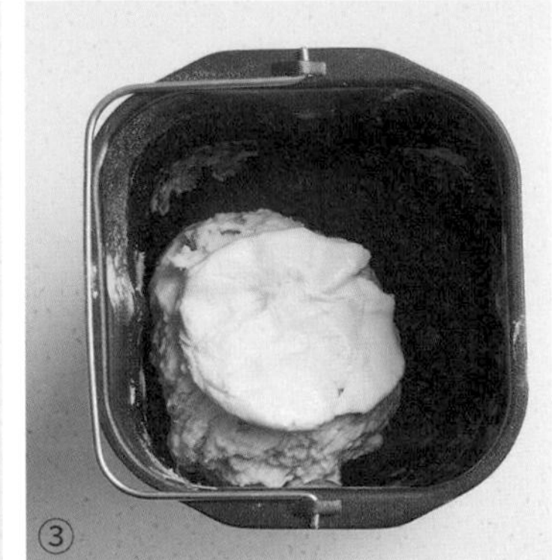

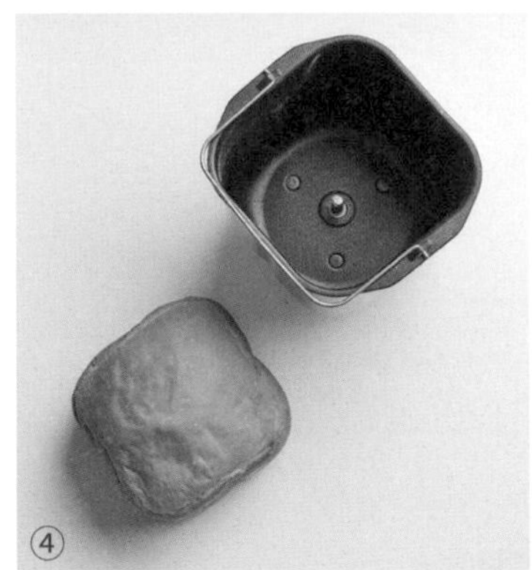

How To Bake

1 將無鹽奶油以外的所有材料放入製麵包機中，選取揉麵模式或吐司模式後啟動機器。

2 約5分鐘後按下停止鍵。

3 放入無鹽奶油，再次選擇揉麵模式或吐司模式，然後啟動按鈕，持續揉麵。

tip¨ 選擇揉麵模式時，機器會自動進行第一次發酵，接著再以烘烤模式烤出吐司。而選擇吐司模式時，機器會自動運作所有流程至烘烤完成。根據狀況選擇合適的模式，也可以在第一次發酵前，將麵團取出後置於盆中發酵。

4 吐司烘烤完成後取出即可。拿取時請注意安全，小心避開底部的揉麵鉤片。

✕ 我的吐司為什麼會這樣？ Q&A

吐司出爐後，外觀上可能會有幾個不盡理想的狀況。雖然有些問題是來自烤箱、攪拌機或是其他機器，但大多數情況，其實都是製作麵包的流程失誤導致，而不是發生在機器上。而且，問題也可能不只一個，而是同時有好幾個原因才導致失敗，必須逐一釐清才行。

Q 吐司的體積太小？

A. 1　請確認酵母的用量是否過少。酵母量太少，麵包在烤箱中就沒有充足的氣體可以使體積膨脹，可能導致成品的體積過小。

A. 2　在分割麵團或將麵團裝入烤模時，若麵團的量過多或過少，也可能導致體積變小。根據烤模容積和麵團配方，裝入適量的麵團，也是加大吐司體積的好方法。

A. 3　請確認第二次發酵是否確實。一般來說，以山形吐司為例，第二次發酵需進行到麵團頂端跟烤模等高，或是超過烤模約0.5-1公分左右。然而，許多人會因為發酵時間過長，等不及完成第二次發酵，就直接將麵團放進烤箱內烘烤。充分完成第二次發酵，是加大吐司體積的重要因素之一。

A. 4　如果初期烤箱溫度過高，麵團的烘焙漲力會變低，導致表皮乾裂無法再膨脹、失去鬆軟的口感。吐司表面如果生成硬皮，也會導致成品的體積下降。請適當調節烤箱的溫度。

Q 吐司的體積過大，上方凸起膨脹？

A. 1　整形時麵團沒有彈性、過於鬆軟時，體積可能會過度膨脹。在整形時施加適當的力道是很重要的。

A. 2　請確認酵母的用量是否過多。

A. 3　在分割麵團或將麵團裝入烤模時，若麵團量過多，也可能導致體積變大。

Q 吐司的底部凹進去了？

A. 1　麵團放入烤模後用手按壓，使底部平坦不凸起，可預防底部凹陷或不平整。

A. 2　可能是分割後靜置時間不夠。麵團沒有經過鬆弛直接整形，很容易在烘烤後出現底部凹陷不平整的情形。

A. 3　請確認酵母是否過量。酵母用量過多也是導致吐司底凹陷不平的原因之一。

A. 4　請確認第二次發酵時的溫度是否過高。第二次發酵的速度如果太快，也可能導致吐司底部凹陷不平整。

A. 5　麵團韌性過高也可能是原因之一。

Q 吐司的兩側凹陷？

A. 1　從烤箱取出吐司時，如果沒有立刻給予適當的衝擊，可能會造成凹陷（cave in）的現象。將吐司烤模從烤箱內取出後，要在桌面上震一下，藉此排出部分尚未排出的水蒸氣。這樣吐司在冷卻後，才不會縮腰凹陷。

A. 2　吐司沒有烤熟或烤箱內的溫度不均時，也會導致凹陷。必須搭配吐司烤模的尺寸及麵團份量在烤箱內充分烘烤，使充足的熱氣進入麵團中。另外，烘烤時不要在烤箱內密密麻麻排滿吐司，每個烤模間必須有適當的間隔，才能使熱度均勻分布。

A. 3　第二次發酵時過度發酵，也會導致吐司縮腰。進行第二次發酵時，請等麵團膨脹至超過烤模0.5-1公分的高度（以山形吐司為例），就要進烤箱烘烤。

CLASS 06

發揮吐司的更多可能
——吐司料理

01. 經典烤吐司
02. 蘋果肉桂吐司
03. 楓糖法式吐司
04. 脆烤麵包丁
05. 水果麵包布丁
06. 薯泥蛋三明治
07. BLT三明治
08. 鮮奶油水果三明治
09. 咬咬先生三明治

經典烤吐司

這是最常見的吃法，也是最能如實呈現吐司美味的方式。
如果麵包本身就很好吃，不想要用其他調味蓋過，
不妨按照以下方法稍微烤過後直接吃。
用烤網烤出漂亮的烤痕，看起來超級好吃！

材料
吐司 適量
無鹽奶油（室溫軟化）適量

How To Make

1 將吐司切成厚片。

2 在吐司中央畫出十字刀痕。

3 將室溫軟化的奶油均勻塗抹在吐司其中一面上。

4 使用烤麵包機或小烤箱等，將吐司烤到金黃上色。

5 在吐司上放一小塊奶油，略烤到奶油稍微融化即可。

tip¨ 也可以利用平底鍋烤吐司。將奶油放入平底鍋，加熱到奶油稍微融化後，再放入吐司，煎成金黃色。

蘋果肉桂吐司

在簡單美好的基礎吐司上加入蘋果和肉桂，
精緻的質感就像高級甜點般，還能品嚐到特別的風味。

材料
吐司 適量、蘋果 適量
無鹽奶油（室溫軟化）適量
砂糖 適量、肉桂粉 適量
楓糖漿 適量、糖粉 適量

How To Make

1 將蘋果洗淨後切半去籽，再切成薄片備用。
tip¨ 可以先泡檸檬水或鹽水，避免蘋果氧化變色。

2 將吐司切成厚片。

3 將室溫軟化的奶油均勻塗抹於吐司其中一面上。

4 以10：1的比例混合砂糖及肉桂粉，在吐司上薄薄撒上一層。

5 放上切成薄片的蘋果。

6 再次將步驟**4**撒在蘋果上。

7 放入小烤箱烘烤2-4分鐘。
tip¨ 也可以放進預熱至200°C的烤箱中，以200°C烘烤2~4分鐘。

8 依照個人喜好淋楓糖漿或糖粉即完成。
tip¨ 最後還可以撒上一些碎核桃和薄荷葉，增添香氣。

楓糖法式吐司

吸飽蛋液的柔軟法式吐司，應該沒有人不喜歡吧？
按照喜好調整吐司浸泡在蛋液裡的時間，
如果喜歡軟彈的口感，也可以前一天就浸泡！

材料
厚切吐司 2片、全蛋 300g
牛奶 300g、砂糖 60g、香草莢 1/3根
鹽 適量、胡椒 適量
無鹽奶油 適量、楓糖漿 適量
糖粉 適量、果醬 適量

How To Make

1 把蛋液、牛奶、砂糖、香草籽放入盆內拌勻，再加入鹽和胡椒調味。
tip¨ 請將香草莢剖半後用刀背把籽刮出來使用。如果沒有香草莢也可以省略。

2 用篩網過濾步驟**1**。

3 將厚片吐司整個浸泡到步驟**2**中。
tip¨ 拉長浸泡時間，可以使蛋液充分吸入吐司中，過程中記得幫吐司翻面。若只想讓吐司表層裹上蛋液，浸泡20-30分鐘即可；想讓吐司完全吸飽蛋液，請浸泡3-4小時；如果希望吐司像布丁般柔軟Q彈，請在浸泡後將吐司放進冰箱靜置一天。

4 在平底鍋上放奶油，開小火讓奶油稍微融化後，把浸泡過蛋液的吐司煎成金黃色。
tip¨ 煎的時候蓋上平底鍋的蓋子，做出來的法式吐司口感會更蓬鬆。

5 最好依照喜好搭配楓糖漿、糖粉或果醬食用即可。

脆烤麵包丁

如果有過期一天的吐司，剛好適合做成口感酥脆的麵包丁，
搭配沙拉或濃湯無比美味，與啤酒和紅酒也是絕配。

材料
吐司2片、橄欖油3大匙
蒜泥1/2大匙
巴西里碎1大匙
帕馬森乾酪30g

How To Make

1 將吐司切成小方塊狀。

2 將橄欖油、蒜泥、巴西里碎和帕馬森乾酪與吐司混合後攪拌均勻。

3 放入預熱至200°C的烤箱中，以200°C烤成金黃色即完成。

水果麵包布丁

接下來要介紹的麵包布丁，很適合當早午餐或是孩子們的點心，
濕潤的麵包布丁用各種不同水果裝飾後，也可以當成一道美麗的甜點。

材料
吐司邊150g、全蛋150g
蛋黃15g、牛奶150g、鮮奶油150g
砂糖65g、香草莢1/3根
無鹽奶油（室溫軟化）適量
新鮮水果 適量、糖粉 適量
楓糖漿 適量

How To Make

1 將吐司邊切大塊備用。

2 將全蛋、蛋黃、牛奶、鮮奶油、香草籽放入盆中均勻攪拌。
tip¨ 將香草莢剖半後用刀背把籽刮出來使用。

3 在焗烤盤內側抹上軟化的奶油。

4 將部分步驟**1**的吐司鋪在盤子底部。

5 倒入部分步驟**2**的蛋液。

6 重複步驟**4**和**5**，直到焗烤盤填滿為止。

7 用保鮮膜封起來後冷藏6小時。

8 蓋上鋁箔紙後，放入預熱至180°C的烤箱中，以180°C烘烤20分鐘，然後拿掉鋁箔紙，繼續烘烤20分鐘。

9 取出後靜置到完全冷卻，放入冰箱冷藏至凝固。

10 依照喜好添加水果、楓糖漿或糖粉即完成。

薯泥蛋三明治

只要有馬鈴薯和雞蛋，再配上鮮脆的小黃瓜，
就能做出人人都喜歡的薯泥蛋三明治。
不想吃負擔太重的食物時，也是很好的輕食選擇！

材料
吐司4片、中型馬鈴薯3顆
小黃瓜1/2根、雞蛋2顆
美乃滋9大匙、煉乳2大匙
鹽 適量、胡椒 適量
無鹽奶油（室溫軟化）適量

How To Make

1 小黃瓜切薄片後撒少許鹽拌勻，靜置20分鐘後放在廚房紙巾上去除水氣。

2 馬鈴薯放到水中煮軟（或蒸軟）後取出，趁熱搗成泥再放涼。
tip¨ 要煮到用筷子可以輕易穿透的程度，並趁熱搗爛，才容易成功。

3 將雞蛋放入冷水中，煮8分鐘左右至蛋黃熟透後取出剝殼，完成水煮蛋。

4 將馬鈴薯泥、小黃瓜片、水煮蛋、煉乳和美乃滋放入盆中攪拌，再撒鹽和胡椒調味。

5 在吐司其中一面上均勻塗抹軟化的奶油，然後鋪上步驟**4**的餡料，再用另一片塗好奶油的吐司蓋起來，切成方便食用的大小。

BLT三明治

「BLT」是培根(Bacon)、萵苣(Lettuce)、番茄(Tomato)的縮寫，
只要結合這3項材料，就能做出歐美地區的經典三明治。

材料
吐司2片、培根3條、番茄1/2顆
萵苣或生菜2-3片
無鹽奶油（室溫軟化）適量
美乃滋2大匙、第戎芥末醬1大匙
顆粒芥末醬1大匙、蜂蜜2小匙

How To Make

1 培根先用平底鍋煎至金黃，再放到廚房紙巾上去油。
2 將番茄洗淨切厚片，放在廚房紙巾上並撒一點點鹽。
3 萵苣或生菜清洗乾淨後，稍微泡一下冷水，再撈起來用蔬菜脫水器脫水（也可以放在廚房紙巾去除水氣）。
4 將美乃滋、第戎芥末醬、顆粒芥末醬和蜂蜜混合攪拌成醬料。
5 吐司用小烤箱或平底鍋煎烤到兩面金黃，取出後放在架子上，使表面的水氣蒸發。
6 將軟化的奶油抹在吐司其中一面，再接著塗抹做好的步驟**4**醬料。
7 依序疊上萵苣、番茄、培根後，再蓋上另一片吐司即完成。

鮮奶油水果三明治

接下來要介紹我女兒最喜歡的水果三明治，
使用當季水果製作，四季都能享受到魅力滿點的酸甜滋味。
我在鮮奶油中加入了馬斯卡彭起司，味道的層次更豐富。

材料
方形吐司4片、鮮奶油180g
馬斯卡彭起司20g、砂糖18g
草莓3個、香蕉1/2根、奇異果1/4個

How To Make

1 草莓去除蒂頭、洗淨瀝乾；香蕉和奇異果洗淨、去皮。接著將所有水果用廚房餐巾拭乾水氣。

2 將馬斯卡彭起司分次少量加入鮮奶油中，同時一邊攪拌，避免結塊。

3 接著分次加入砂糖，用打蛋器攪拌均勻，即完成鮮奶油餡。

4 將做好的鮮奶油餡抹在吐司其中一面上，再放上草莓、香蕉和奇異果。
tip¨ 擺放水果時，請預先設想吐司切面的圖樣。

5 接著再抹上第二層鮮奶油餡後，蓋上另一片吐司。

6 用保鮮膜將整個三明治包起來，放冰箱冷藏1小時。
tip¨ 三明治切之前要先冰過，讓鮮奶油稍微凝固，切面才會乾淨漂亮。

7 從冰箱裡取出三明治後，將邊緣切除乾淨，然後從中間切開，露出漂亮的切面。

咬咬先生三明治（法式火腿起司）

咬咬先生的法文原名「croque-monsieur」，
是由「croquant」（咬、酥脆）和「monsieur」（先生）兩個單字組合而成。
據說是某位法國工人隨手將三明治放在暖爐上，
意外發現起司融化後麵包被烤得酥脆誘人而得名。
製作咬咬先生時，會使用法國的代表性白醬——貝夏梅醬，
貝夏梅醬像奶油濃湯一樣口味單純，適合活用於各種料理中。

貝夏梅醬
無鹽奶油30g、麵粉30g、牛奶300g、鹽 適量、胡椒 適量、肉豆蔻 適量

材料
吐司2片、無鹽奶油（室溫軟化）10g、切片火腿1片、格呂耶爾起司 適量

How To Make

貝夏梅醬

1 將奶油放入鍋子中，開中火加熱融化。

2 放入麵粉後，用打蛋器充分拌炒。

3 分次少量加入牛奶，並持續攪拌均勻。

4 用鹽和胡椒調味後，再加入少量的肉豆蔻去除麵粉味。

5 等整體變得濃稠後，將醬料裝入托盤，用保鮮膜密封起來預防硬化。冷卻後，貝夏梅醬就完成了。

咬咬先生（法式火腿起司三明治）

6 將軟化的奶油抹在吐司其中一面上，再塗上厚厚一層貝夏梅醬。

7 撒上大量的格呂耶爾起司後，再把切片火腿放上去。

8 蓋上另一片吐司，再次撒上滿滿的格呂耶爾起司。

9 放入預熱至200°C的烤箱內，以200°C烘烤至表面金黃即可。

CLASS 07

搭配起來更好吃！
——配湯&抹醬

01. 馬鈴薯大蔥湯
02. 番茄濃湯
03. 高麗菜培根湯
04. 草莓果醬
05. 青葡萄果醬
06. 奇異果果醬
07. 香蕉果醬
08. 橘子果醬

馬鈴薯大蔥湯

不管是在課堂上還是家裡，我都常常煮這款濃湯。
做法簡單，搭配麵包非常加分，
用卡門貝爾起司增添風味，喝起來立刻濃郁有層次。

材料
馬鈴薯300g、蔥1根、卡門貝爾起司50g、
雞湯（P213）3杯、牛奶1杯、
鮮奶油1/2杯、橄欖油 適量、鹽 適量、
胡椒 適量

How To Make

1 蔥洗淨後切末。

2 將馬鈴薯切細絲（厚度約0.2公分），放進濃度1%的鹽水中浸泡10分鐘，再放到廚房紙巾上拭乾水氣。

3 卡門貝爾起司切片備用。

4 在鍋子裡倒入橄欖油後，放入蔥末炒軟，再放入馬鈴薯拌炒2分鐘。

5 將雞湯放入步驟**4**中，用中火滾煮18-20分鐘，直到馬鈴薯熟透。

6 加入切片的卡門貝爾起司和牛奶，用手持攪拌機充分攪勻。

7 轉小火滾3分鐘左右後，加入鮮奶油，續煮到整體變得濃稠，以鹽和胡椒調味即可。
tip¨ 享用前加入少許烤麵包丁（P195），也很美味。

番茄濃湯

接下來要介紹簡單版的番茄濃湯。
去皮的整顆番茄罐頭使用聖馬爾扎諾產的為佳，
沒有的話再用其他番茄罐頭代替。

材料
去皮整顆番茄（罐頭）350g
番茄醬1大匙、雞高湯（P213）150g
鮮奶油50g、無鹽奶油5g
砂糖1大匙、蒜泥1小匙、洋蔥1/4顆
橄欖油 適量、鹽 適量、胡椒 適量

How To Make

1 洋蔥切末後和蒜泥一起放入鍋子裡，加少許橄欖油拌炒到香氣出來。
2 熄火後倒入番茄醬，再次開火拌炒。
3 接著將去皮整顆番茄搗爛後，和砂糖一起加入鍋中煮滾。
4 加入雞高湯，轉中小火燉煮到蔬菜的味道釋放出來。
5 轉小火，加入鮮奶油和奶油煮到融化。
6 用鹽和胡椒調味即完成。

高麗菜培根湯

加入大量幫助消化的高麗菜熬煮，所有甜味都濃縮在湯裡，
搭配軟綿的吐司一起享用，沒有負擔又很有飽足感。

雞高湯*
冷水1L、雞胸肉4塊、大蒜4顆、蔥1根、胡椒粒10顆、清酒50ml

材料
高麗菜200g、洋蔥100g、培根100g、雞湯*350g、鹽適量、胡椒適量

How To Make

雞高湯*

1 將雞胸肉隨意切成厚約1公分的片狀。

2 將冷水、雞胸肉、大蒜、蔥、胡椒粒和清酒放入鍋中煮滾。
tip¨ 煮滾後產生的白色浮沫要撈除。

3 煮滾後，轉小火繼續燉煮30分鐘，再用篩網過濾出雞高湯。

高麗菜培根湯

4 高麗菜切大片、洋蔥切絲備用。

5 培根切成寬2公分的小片。

6 將培根放入鍋中煎到焦黃、香脆，把油脂逼出來。

7 再加入洋蔥略微拌炒後，加入高麗菜一起拌炒。

8 持續拌炒到洋蔥變透明後，倒入雞高湯煮滾。

9 煮滾後，轉小火慢慢燉煮20-30分鐘，直到高麗菜變軟且帶有甜味。

10 最後用鹽和胡椒調味即完成。

草莓果醬

材料
冷凍草莓240g、砂糖140g
檸檬汁10g

How To Make

1 將冷凍草莓、砂糖和檸檬汁混合後靜置半天醃製。

tip¨ 沒有先醃直接加熱，很容易因為水分出不來導致燒焦。果醬不是加水煮，而是用水果自身的水分熬製。

2 用大火將步驟**1**煮滾。撈除過程中產生的白色浮沫。

tip¨ 為了方便撈除浮沫，建議煮滾前先不要攪拌，浮沫才不會散開。

3 浮沫撈乾淨後，轉小火一邊熬煮一邊持續攪拌，以免底部燒焦。大約煮4-5分鐘，果醬變濃稠即可。

4 將果醬滴到冰水上，確認濃稠度。完成後趁熱倒入可密封的容器中保存。

tip¨ 若果醬遇水後不溶開表示已完成。如果遇水後馬上溶開，請再多煮1-2分鐘。

tip¨ 果醬建議以玻璃容器盛裝，並事先用沸水煮過消毒、充分晾乾。

Green grape

青葡萄果醬

材料
無籽青葡萄450g、A砂糖100g
B砂糖100g、果膠6g
檸檬汁1小匙、白酒50ml

How To Make

1. 青葡萄洗淨瀝乾、切半後，和A砂糖一起放入鍋中混勻，並用保鮮膜密封起來靜置約6小時。
2. 將B砂糖和果膠混合後倒入步驟**1**中。
3. 將檸檬汁和白酒倒入步驟**2**中，開大火煮滾。
   tip¨ 煮滾後產生的白色浮沫要撈除。
4. 泡沫幾乎撈乾淨後，轉中火煮2分鐘，再倒一半出來，用手持攪拌機打碎。
5. 將碎葡萄倒回鍋中，續煮1-2分鐘，即可趁熱倒入可密封的容器中保存。
   tip¨ 葡萄打碎後製作出來的果醬才會滑順、容易塗抹。如果沒有打碎，做好的果醬就會帶有完整的葡萄顆粒，按照個人喜好調整即可。
   tip¨ 果醬建議以玻璃容器盛裝，並事先用沸水煮過消毒、充分晾乾。

奇異果果醬

材料
奇異果400g、砂糖280g
檸檬汁15g、白酒30g

How To Make

1. 奇異果去除果皮和果核後，切成約1公分的塊狀，放入鍋中。
2. 將砂糖、檸檬汁、白酒放入切好的奇異果中，醃製2-3小時。
   tip¨ 在過程中必須確實翻拌，讓砂糖均勻混合並融化。請留意不要醃製過久。
3. 開大火煮4-5分鐘。
   tip¨ 煮滾後產生的白色浮沫要撈除。
4. 倒出1/3的量，用手持攪拌機打碎。
5. 將碎奇異果再倒回鍋中，續煮1-2分鐘，即可趁熱倒入可密封的容器中保存。
   tip¨ 果醬建議以玻璃容器盛裝，並事先用沸水煮過消毒、充分晾乾。

香蕉果醬

材料
香蕉240g、砂糖180g
100%蘋果汁80g
檸檬汁10g、香草莢1/3根

How To Make

1 香蕉剝皮後，去除表面纖維，切成0.5公分的薄片。
tip¨ 製作果醬時，建議使用已經完全熟透的香蕉。

2 香草莢剖半後，用刀背把籽刮出來使用。

3 將香蕉片、砂糖、蘋果汁、檸檬汁、香草籽和香草莢放入鍋中，用刮刀攪拌後，開大火煮滾。
tip¨ 過程中產生的白色浮沫要撈除。

4 等浮沫幾乎都撈乾淨後，轉中火，用刮刀持續攪拌約2分鐘，再將火關掉。

5 用手持攪拌機稍微攪拌一下，保留些許香蕉果肉的口感。

6 將果醬滴到冰水上確認濃度。完成後趁熱倒入可密封的容器中保存。
tip¨ 若果醬遇水後不溶開表示已完成。如果遇水後馬上溶開，請再多煮1-2分鐘。
tip¨ 果醬建議以玻璃容器盛裝，並事先用沸水煮過消毒、充分晾乾。

橘子果醬

材料
剝皮的橘子果肉400g
橘皮25g、砂糖200g
白酒20g

How To Make

1 橘子洗淨後擦乾剝皮。
tip¨ 請使用新鮮的橘子。

2 將橘皮切成細絲。

3 用手持攪拌機將橘子果肉搗碎。

4 將果肉和切絲的橘皮、砂糖、白酒一起放入鍋中，開大火煮滾。

5 開始產生泡沫後就轉中火，並撈除浮沫。

6 持續煮滾5-10分鐘，等果醬變得濃稠後，趁熱裝入可密封的容器中保存。
tip¨ 果醬建議以玻璃容器盛裝，並事先用沸水煮過消毒、充分晾乾。

台灣廣廈 國際出版集團 Taiwan Mansion International Group

國家圖書館出版品預行編目（CIP）資料

吐司的基礎：最簡單，卻最難做得好！從發酵、烘焙、口味到應用，在家做出「比外面賣的還好吃！」的理想吐司 / 李美榮著；張雅眉翻譯. -- 初版. -- 新北市：台灣廣廈, 2021.05
面； 公分.
ISBN 978-986-130-495-3
1.點心食譜 2.麵包

439.21 110005917

吐司的基礎

最簡單，卻最難做得好！從發酵、烘焙、口味到應用，在家做出「比外面賣的還好吃！」的理想吐司

作　　者／李美榮
翻　　譯／張雅眉

編輯中心編輯長／張秀環・**執行編輯**／蔡沐晨
封面設計／曾詩涵・**內頁排版**／菩薩蠻數位文化有限公司
製版・印刷・裝訂／東豪・弼聖・秉成

行企研發中心總監／陳冠蒨
媒體公關組／陳柔彣
綜合業務組／何欣穎

線上學習中心總監／陳冠蒨
數位營運組／顏佑婷
企製開發組／江季珊、張哲剛

發 行 人／江媛珍
法 律 顧 問／第一國際法律事務所 余淑杏律師・北辰著作權事務所 蕭雄淋律師
出　　版／台灣廣廈
發　　行／台灣廣廈有聲圖書有限公司
地址：新北市235中和區中山路二段359巷7號2樓
電話：（886）2-2225-5777・傳真：（886）2-2225-8052

代理印務・全球總經銷／知遠文化事業有限公司
地址：新北市222深坑區北深路三段155巷25號5樓
電話：（886）2-2664-8800・傳真：（886）2-2664-8801
郵 政 劃 撥／劃撥帳號：18836722
劃撥戶名：知遠文化事業有限公司（※單次購書金額未達1000元，請另付70元郵資。）

■出版日期：2021年05月
ISBN：978-986-130-495-3

■初版5刷：2024年06月